Der Bundeszuschuß
zur knappschaftlichen Rentenversicherung
als Bergbausubvention?

Europäische Hochschulschriften

Publications Universitaires Européennes
European University Studies

Reihe V
Volks- und Betriebswirtschaft

Série V Series V
Sciences économiques, gestion d'entreprise
Economics and Management

Bd./Vol. 2439

PETER LANG
Frankfurt am Main · Berlin · Bern · New York · Paris · Wien

Martina Rieger

Der Bundeszuschuß zur knappschaftlichen Rentenversicherung als Bergbausubvention?

Verzerrungsausgleich oder Verzerrungsursache?

PETER LANG
Europäischer Verlag der Wissenschaften

Die Deutsche Bibliothek - CIP-Einheitsaufnahme

Rieger, Martina:

Der Bundeszuschuß zur knappschaftlichen Rentenversicherung als Bergbausubvention? : Verzerrungsausgleich oder Verzerrungsursache? / Martina Rieger. - Frankfurt am Main ; Berlin ; Bern ; New York ; Paris ; Wien : Lang, 1999
(Europäische Hochschulschriften : Reihe 5, Volks- und Betriebswirtschaft ; Bd. 2439)
Zugl.: München, Univ., Diss., 1998
ISBN 3-631-34411-2

D 19
ISSN 0531-7339
ISBN 3-631-34411-2

Für Anna

Danksagung

Ohne die Unterstützung und Hilfe vieler Anderer wäre diese Dissertation nie zustande gekommen. Insbesondere danke ich meinem Doktorvater Prof. Dr. Otto Gandenberger für die Zeit und die Mühe, die er aufgebracht hat, um mich durch die verschiedenen Stadien dieser Arbeit anzuleiten. Seine umfangreiche fachliche Unterstützung hat mich immer wieder auf den richtigen Weg gebracht. Ein Dank gilt auch Dr. Marcus Mirbach, durch den ich meine Verbindung zur Uni halten konnte und der mir durch manch fachliche Diskussion ein Stückchen weiter helfen konnte. Besonders erwähnen möchte ich auch die Hilfsbereitschaft von Frau Lebert vom Promotionsausschuß und Frau Hofmann vom Sekretariat Lehrstuhl Prof. Huber, die beide immer ein offenes Ohr für Fragen und Probleme hatten.

Diese Arbeit hätte jedoch ohne die Hilfe meiner Familie nie fertiggestellt werden können. Meine Großmutter und meine Eltern haben nicht nur für meine finanzielle Unterstützung gesorgt, sondern mir auch mit ihrem unerschütterlichen Glauben an mich immer wieder neue Kraft gegeben. Dafür danke ich Ihnen von Herzen.

Auch meinen Freunden bin ich zu großem Dank verpflichtet. Sie haben mit mir Höhen und Tiefen gefeiert und ertragen, und mich immer wieder aufgebaut. Ganz besondere Verdienste hat sich Andreas erworben, der mir in manchen hitzigen Diskussionen die „die Bäume im Wald“ wieder gezeigt hat und der mir nicht zuletzt durch seine eigenen Erfahrungen mit seiner Promotion unermüdlich Mut gemacht hat.

Diese Arbeit wurde am 29. Juli 1998 unter dem Titel „Stellt der Bundeszuschuß zur knappschaftlichen Rentenversicherung eine Subvention des Bergbaus dar? - Verzerrungsausgleich oder Verzerrungsursache?“ vom Promotionsausschuß der Universität München als Dissertation angenommen.

Inhaltsverzeichnis

Tabellenverzeichnis

Abbildungsverzeichnis

Abkürzungsverzeichnis

Abs.	Absatz
AL	Alterslast
APG	Anpassungsgeld
AR	Altersrente
Arb/AngRV	Rentenversicherung der Arbeiter und Angestellten
BBG	Bergbau-Berufsgenossenschaft
BE	Beitragseinnahmen
Betr.	Betriebe
BU	Berufsunfähigkeit
BZ	Bundeszuschuß
EP	Entgeltpunkte
EU	Erwerbsunfähigkeit
FRG	Fremdrentengesetz
GRV	Gesetzliche Rentenversicherung
i.S.d.	im Sinne der/des
i.V.m.	in Verbindung mit
KAL	Knappschaftsausgleichsleistung
KDV	Kapitaldeckungsverfahren
Kkb	Kokskohlenbeihilfe
kn	knappschaftlich
knKV	knappschaftliche Krankenversicherung
knKVdR	knappschaftliche Krankenversicherung der Rentner
knPflV	knappschaftliche Pflegeversicherung
knRV	knappschaftliche Rentenversicherung
KnV	Knappschaftsversicherung
KV	Krankenversicherung
KVdR	Krankenversicherung der Rentner
PflV	Pflegeversicherung
PflVdR	Pflegeversicherung der Rentner
RA	Rentenausgaben
Refälle	Rentenfälle
RFQ	Rentenfallquotient
RW	Rentenwert
RÜG	Rentenüberleitungsgesetz
RVO	Reichsversicherungsordnung
SGB	Sozialgesetzbuch
Stat. BA	Statistisches Bundesamt
SVR	Sachverständigenrat
UV	Umlageverfahren
verm.	vermindert
Vers.	Versicherte

vfr. L.	versicherungsfremde Leistung
VGR	Volkswirtschaftliche Gesamtrechnung
WV	Wanderversicherung

1 Einführung und Problemstellung

Von 1991 bis 1996 leistete der Bund 77,8 Mrd. DM als Bundeszuschuß an die gesamtdeutsche knappschaftliche Rentenversicherung. Die (offiziellen) Bergbausubventionen des Bundes dagegen beliefen sich im selben Zeitraum mit 26 Mrd. DM auf ein Drittel dieser Summe[1]. Allein für das Jahr 1996 zahlt die Bundesregierung 14 Mrd. DM als Bundeszuschuß an die gesamtdeutsche knappschaftliche Rentenversicherung. Gleichzeitig wird die Bundesregierung 1996 Subventionen vor allem an den Steinkohlenbergbau in Höhe von fast 10 Mrd. DM überweisen müssen.

In Zeiten sinkender Staatseinnahmen tritt das Thema „Subventionierung" in den Vordergrund der politischen Diskussion. Hiervon ist der Bergbau als der bedeutendste Subventionsempfänger in der Bundesrepublik Deutschland besonders betroffen.

Die vorliegende Arbeit untersucht, ob der Bundeszuschuß zur knappschaftlichen Rentenversicherung ganz oder in Teilen als Subvention des Bundes an die Bergbaubranche über den Umweg der knappschaftlichen Rentenversicherung anzusehen ist. Diese Frage wurde bereits in den achtziger Jahren vom Sachverständigenrat zur Begutachtung der gesamtwirtschaftlichen Entwicklung (SVR) gestellt[2] und 1994 vom Wissenschaftlichen Beirat beim Bundesministerium der Finanzen wiederholt[3]. Die Arbeit konzentriert sich deshalb auf die knappschaftliche **Renten**versicherung, weil sie als einziger Bestandteil der Knappschaftsversicherung die hohen Bundeszuschüsse erhält.

Die knappschaftliche Rentenversicherung ist als Teil der Knappschaftsversicherung ein eigenständiger Zweig der Gesetzlichen Rentenversicherung. Sie versichert ausschließlich die Beschäftigten des Bergbaus. Die knappschaftliche Rentenversicherung nimmt im Vergleich zu den übrigen Zweigen der Gesetzlichen Rentenversicherung (der Rentenversicherung der Arbeiter und Angestellten) eine Sonderstellung ein. Einer der markantesten Unterschiede ist die sog. Defizithaftung des Bundes:

> „In der knappschaftlichen Rentenversicherung trägt der Bund den Unterschiedsbetrag zwischen den Einnahmen und den Ausgaben eines Kalenderjahres, er stellt hiermit zugleich deren dauernde Leistungsfähigkeit sicher".

Die knappschaftliche Rentenversicherung hat seit Jahrzehnten einen hohen Zuschußbedarf. Diese Finanzkrise ist zurückzuführen auf das Zusammentreffen von mehreren Umständen: Die knappschaftliche Rentenversicherung finanziert sich nach dem Umlageverfahren, dessen Funktionsfähigkeit von einem Gleichgewicht zwischen Einnahmen und Ausgaben abhängt. Die Beitragseinnahmen gehen aber Jahr für Jahr zurück, weil sich die

---

[1] vgl. [Deutscher Bundestag93b], [Deutscher Bundestag95], [Deutscher Bundestag97a] und [Deutscher Bundestag97b], verschiedene Übersichten und eigene Berechnungen.

[2] vgl. [SVR93], Zi. 543, S. 235.

[3] [Wissenschaftlicher Beirat beim BMF94], Zi. 45, S. 50.

knappschaftliche Rentenversicherung auf die strukturschwache Branche Bergbau konzentriert. So entsteht bei gleichbleibendem Rentenbestand eine Finanzierungslücke, die über den Bundeszuschuß ausgeglichen werden muß.

Von einigen Autoren wird die Meinung vertreten, der Bundeszuschuß zur knappschaftlichen Rentenversicherung stelle eine reine Lohnsubvention für den Bergbausektor dar[4]. Durch den hohen Bundeszuschuß entstünde der „Eindruck der staatlichen Intervention zugunsten einer „privilegierten“ Gruppe.“[5]. Um zu einem Urteil über den Subventionscharakter des Bundeszuschusses zu gelangen, ist es deshalb erforderlich zu analysieren, ob knappschaftlich Versicherte für ihre Beiträge bessere Leistungen erhalten als die Versicherten der anderen Zweige der gesetzlichen Rentenversicherung oder, anders gesagt, ob ihre Beitragsleistungen ausreichen, ihre Rentenansprüche zu finanzieren. Dies herauszufinden ist nicht zuletzt deshalb schwierig, weil auch die Rentenversicherung der Arbeiter und Angestellten einen Bundeszuschuß erhält.

Die Analyse gliedert sich in drei Teile. Der erste, einführende Teil der Arbeit behandelt als Bestandsaufnahme drei entscheidende Aspekte der knappschaftlichen Rentenversicherung: Abschnitt 2 gibt eine kurze Zusammenfassung der wichtigsten Entwicklungsschritte und deren Bedeutung für die heutige Stellung der knappschaftlichen Rentenversicherung. Die heutige Situation der knappschaftlichen Rentenversicherung wird in Abschnitt 3 anhand der wichtigsten Kennzahlen charakterisiert. Auf Grund der Konzentration dieser Versicherung auf den Bergbausektor ist ihre finanzielle Situation unmittelbar mit der wirtschaftlichen Entwicklung in diesem Sektor Bergbau verbunden. Diese Entwicklung wird in Abschnitt 4 behandelt.

Der zweite Teil der Arbeit analysiert detailliert diejenigen Strukturmerkmale der knappschaftlichen Rentenversicherung, die dazu führen, daß die knappschaftlich Versicherten eine Sonderstellung im System der Gesetzlichen Rentenversicherung einnehmen. Diese Analyse bildet die Grundlage für die eigentliche Subventionsuntersuchung im dritten Teil. Sie erfolgt auf der Basis eines Vergleichs der knappschaftlichen Rentenversicherung mit der Rentenversicherung der Arbeiter und Angestellten.

Ein wichtiger Unterschied zwischen den beiden Versicherungszweigen besteht in der Konzentration der knappschaftlichen Rentenversicherung auf eine Branche. Dieser Aspekt wird in Abschnitt 6 diskutiert. Abschnitt 7 befaßt sich mit Unterschieden in Bezug auf Leistungsgewährung, Leistungsumfang und Finanzierung. Im letzten Fall steht die Darstellung der Unterschiede der beiden Bundeszuschüsse, also dem zur knappschaftlichen Rentenversicherung und zur Rentenversicherung der Arbeiter und Angestellten im Vordergrund. Im Rahmen eines Exkurses im Abschnitt 8 werden die Sonderregelungen der knappschaftlichen Rentenversicherung im Zuge der Wiedervereinigung ebenso wie die Einflüsse des Aussiedlerzustroms behandelt.

Die eigentliche Analyse des Subventionsanteils im Bundeszuschuß zur knappschaftlichen Rentenversicherung erfolgt im dritten Teil der Arbeit. In Abschnitt 9 sind die Ergebnisse

[4] vgl. [FÄRBER93], S. 51; [FÄRBER95], S. 208.

[5] [HOFMANN92], S. 539.

bisheriger Untersuchungen zur Subventionierung der knappschaftlichen Rentenversicherung zusammengestellt. Weil in der finanzwissenschaftlichen Literatur keine einheitliche Subventionsabgrenzung existiert, wird in Abschnitt 10 eine für die vorliegende Fragestellung zweckmäßige Subventionsabgrenzung ausgewählt.

In Abschnitt 11 werden die Bundeszuschüsse zur knappschaftlichen Rentenversicherung und zur Rentenversicherung der Arbeiter und Angestellten voneinander abgegrenzt. Es geht hier um die Frage, ob durch den Bundeszuschuß zur knappschaftlichen Rentenversicherung mehr oder andere Leistungen finanziert werden als durch den Bundeszuschuß zur Rentenversicherung der Arbeiter und Angestellten.

Im Abschnitt 12 erfolgt eine verursachergerechte Zuordnung der Leistungen, d.h. es wird untersucht, in welchem Umfang die heutigen Beitragszahler zur Finanzierung der heutigen Rentenleistungen heranzuziehen sind und welche Beitragssätze durch die heute entstehenden Rentenansprüche gerechtfertigt sind. Eine Subventionierung im Sinne der im Abschnitt 10 ausgewählten Subventionsabgrenzung läge nur dann vor, wenn durch den Bundeszuschuß die heute erhobenen Beitragssätze zu niedrig liegen. In diesem Fall wäre der Bundeszuschuß als Verzerrungsursache anzusehen. Würden dagegen durch den Bundeszuschuß lediglich bestehende, entsprechend der verursachergerechten Zuordnung vom Bund verursachte Verzerrungen ausgeglichen, so läge keine Subventionierung vor.

Abschnitt 13 gibt einen Überblick über die Ergebnisse der Arbeit und einen Ausblick auf die Zukunftsperspektiven der knappschaftlichen Rentenversicherung.

Einige Worte zur Datenlage erscheinen angebracht. Daten über die Sozialversicherung im allgemeinen und die Knappschaftsversicherung im besonderen, wie sie an sich für die vorliegende Arbeit benötigt würden, stehen manchmal nicht in der gewünschten Menge oder der nötigen Gliederungstiefe zur Verfügung. Auch direkte Anfragen, speziell bei der Bundesknappschaft, waren nicht immer erfolgreich. Dies führt dazu, daß in einigen Fällen auf Schätzungen, Näherungen oder eigene Berechnungen zurückgegriffen werden muß.

Dieser Arbeit liegen die gesetzlichen Bestimmungen von Ende 1996 zugrunde.

Teil I

Knappschaftsversicherung, Bergbau und Subventionierung - Eine Bestandsaufnahme

Die **Knappschaftsversicherung (KnV)** ist der älteste Zweig der deutschen Sozialversicherung. Sie erfüllt selbständig alle Aufgaben einer Sozialversicherung mit Ausnahme der Unfall- und Arbeitslosenversicherung. Ihr charakteristischtes Merkmal ist die Konzentration auf einen einzigen Wirtschaftszweig: Sie versichert ausschließlich Beschäftigte des Bergbaus.

Die heutige Bedeutung dieses Versicherungszweiges ist nur vor dem Hintergrund seiner Entstehungsgeschichte, die heutige Situation nur vor dem Hintergrund der wirtschaftlichen Entwicklung im Bergbau zu verstehen. Aus diesem Grund konzentriert sich der erste Teil dieser Arbeit auf eine zusammenfassende Bestandsaufnahme der für das Verständnis des „Phänomens Knappschaftsversicherung" wesentlichen Aspekte. Auf dieser Basis kann nachfolgend die Frage nach der Subventionierung des Bergbaus über die Knappschaftsversicherung differenziert diskutiert werden.

Am Anfang steht ein kurzer Abriß der geschichtlichen Entwicklung der Knappschaftsversicherung. Im zweiten Abschnitt wird die derzeitige Situation der Knappschaftsversicherung anhand einiger Kennzahlen der knappschaftlichen Rentenversicherung dargestellt. Den Abschluß bildet der Abschnitt über den Bergbau im allgemeinen und den Kohlenbergbau im besonderen. Das Hauptaugenmerk liegt dabei auf der wirtschaftlichen Entwicklung des (Kohlen-)Bergbaus und die daraus resultierenden Einflüsse auf die knappschaftliche Rentenversicherung.

2 Die Knappschaftsversicherung in Deutschland

2.1 Die geschichtliche Entwicklung der Knappschaftsversicherung

Die KnV hat eine lange Entwicklungsgeschichte. In den folgenden Abschnitten werden die wichtigsten geschichtlichen Daten vorgestellt, die für die heutige Struktur der KnV und ihre Stellung im Gesamtsystem der Sozialversicherung von unmittelbarer Bedeutung sind.

2.1.1 Von den Anfängen bis zum Jahr 1883

Die Vorläufer der modernen Knappschaftsversicherung reichen bis weit ins Mittelalter zurück: Die Gründung der ersten Knappschaften erfolgte bereits im 14. Jahrhundert[6], wobei es sich bei diesen Vereinigungen allerdings noch weitgehend um religiös ausgerichtete Vereinigungen handelte[7]. Im Jahre 1426 wurde **„dy knabschafft"** im „Codex diplomaticus Saxoniae regiae" zum ersten Mal offiziell erwähnt[8].

Allerdings rückte erst mit dem Erlaß von „Bergordnungen" im Laufe des 16. Jahrhunderts der soziale Aspekt der Knappschaften in den Vordergrund: von den Knappen wurden Beiträge entrichtet, die zur Unterstützung ihrer kranken und bedürftigen Kollegen verwendet wurden.

Während der folgenden Jahrhunderte wurde die Entwicklung der Knappschaften stark durch den Aufschwung des Bergbaus beeinflußt. Der im Laufe des 18. Jahrhunderts aufstrebende Kohlenbergbau gewann im Zuge der industriellen Revolution zu Beginn des 19. Jahrhunderts vor allem durch das Wachstum der Montan- und Eisenindustrie zunehmend an Bedeutung. Zur selben Zeit wurden auch die ersten Tiefbauzechen in Betrieb genommen. Dies stärkte hauptsächlich den Ruhrbergbau. Für das Knappschaftswesen bedeuteten diese Entwicklungen hauptsächlich die Gründung von sog. neuen Knappschaftsvereinen. Da aber allgemein bindende gesetzliche Regelungen für das Knappschaftswesen als Ganzes fehlten, führte die steigende Zahl von Knappschaftsvereinen zu einer zunehmenden Zersplitterung des Knappschaftswesens.

Die ersten Ansätze zur Vereinheitlichung und Zusammenführung der Knappschaftsvereine und der Schaffung einer Versicherung der Bergleute unter dem Dach einer Knappschaftsversicherung erfolgten mit dem Gesetz über die Vereinigung der Berg-, Hütten-, Salinen- und Aufbereitungsarbeiter in Knappschaften, dem **Preußischen Knappschaftsgesetz von 1854**. Es handelte sich um das erste Sozialversicherungsgesetz in Deutschland[9]. Diese Versicherung hatte die folgenden Kennzeichen:

- Sie umfaßte eine *Kranken-, Unfall- und Invaliditätsversicherung.*
- Für die Bergleute existierte eine *Pflichtmitgliedschaft.*
- Die Mitglieder der Knappschaftsvereine hatten einen *gesetzlichen Leistungsanspruch.*
- Die Finanzierung der Versicherungsleistungen erfolgte im *Umlageverfahren.*

[6] Manche sehen die Ursprünge schon in der ersten Hälfte des 11. Jahrhunderts in der Errichtung eines Hospitals für kranke oder verunglückte Knappen am Rammelsberg bei Goslar, das sich aus Beiträgen der Meister finanzierte; vgl. [LAUF94], S. 19ff. Die Bezeichnung „Knappe", also die Berufsbezeichnung der Bergleute, soll sich ableiten von einem gewissen DANIEL KNAPPIUS, der der Legende nach von einem Engel an die Stelle der Annaberger Silbererzlagerstätte geführt worden ist; vgl. [LAUF94], S. 9.

[7] vgl. [GEYER87], S. 27.

[8] vgl. [LAUF94], S. 12.

[9] vgl. u.a. [GEYER87], S. 25ff, [BUNDESKNAPPSCHAFT94A], S. XLV und [LAUF94], S. 129ff.

- Die Beiträge waren sowohl von *Arbeitnehmern als auch von Arbeitgebern* zu entrichten[10], wobei die Anteile dieser Gruppen an der Beitragsentrichtung nicht gesetzlich festgelegt war.
- Die Höhe der Beiträge war abhängig von der Dauer der Betriebszugehörigkeit, die Höhe der Leistungen richtete sich weitgehend nach diesen Beiträgen. Durch diese Kopplung von Leistungen an vorher gezahlte Beiträge wurde in Ansätzen das *Äquivalenzprinzip* verwirklicht.
- Der Leistungsanspruch teilte sich auf in gesetzlich vorgeschriebene *Mindestleistungen* und freiwillige *Zusatzleistungen*. Mindestleistungen waren damals freie Kur und Medizin im Falle von Krankheit, ebenso wie ein Krankengeld sowie lebenslange Invaliden- und Hinterbliebenenunterstützungen[11].

Das Gesetz legte allerdings nur die Art der Leistungen fest, nicht deren Umfang und die Anspruchsvoraussetzungen. Dies führte dazu, daß beides von Knappschaftsverein zu Knappschaftsverein stark variierte.

Auch im **Allgemeinen Berggesetz für die Preußischen Staaten von 1865** kam es zu keiner Vereinheitlichung des Leistungskatalogs. Mit diesem Gesetz wurden die Knappschaftsvereine in die vollständige Selbstverwaltung entlassen. Damit ging vor allem die Festlegung der Satzungen für die einzelnen Knappschaftsvereine auf diejenigen über, die in einem solchen Verein zusammengeschlossen waren, also die Bergwerksbesitzer und die Arbeitnehmer der Zechen[12].

Zwischen 1850 und 1875 erlebte der Steinkohlenbergbau seine erste Hochkonjunktur. Dies ging auch mit ständigen Leistungsverbesserungen der Knappschaftsvereine einher. Diese Verbesserungen fanden ein jähes Ende mit dem Konjunktureinbruch nach 1875. Der Preisverfall für Kohle, Gedingekürzungen und Massenentlassungen führten zu einer ersten Finanzkrise der Knappschaften. Ein Gutachten von 1880 ergab, „daß kein einziger der großen preußischen Knappschaftsvereine seinen unzweifelhaften Verpflichtungen hinlänglich gewachsen ist, daß vielmehr fast lediglich auf den Schultern der jüngeren Vereinsmitglieder eine von ihnen schwerlich als richtig erkannte Sorge für eine ältere Generation lastet“[13]. Als Gründe für die Finanzkrise wurden vor allem vier Problemkreise herausgestellt[14]:

1. Die einzelnen Knappschaftsvereine waren stark zersplittert und damit zu klein, um über die Beiträge genügend Liquidität für Leistungen zur Verfügung zu haben.
2. Sowohl die Leistungen aus der Kranken- als auch die aus der Invaliditätsversicherung mußten aus einem gemeinsamen Fonds bezahlt werden.

---

[10] vgl. [LAUF94], S. 131.
[11] vgl. [BRETTSCHNEIDER91], S. 19.
[12] vgl. [BUNDESKNAPPSCHAFT94A], S. XLVI und [LAUF94], S. 136.
[13] [LAUF94], S. 140; [GEYER87], S. 37; bei beiden als Zitat.
[14] vgl. [LAUF94], S. 142.

3. Die Bergwerksunternehmer erbrachten im Kohlenbergbau nur die Hälfte der Beitragssätze der Arbeitnehmer, während im Erzbergbau die Beiträge von Arbeitnehmern und Arbeitgebern gleich hoch waren.

4. Die statistische und versicherungsmäßige Risikokalkulation war noch wenig ausgefeilt. Eine Schätzung von zu erwartenden Beitragszahlungen und Leistungen erfolgte deshalb nur in Ansätzen.

Auf die hohen Defizite reagierten die Knappschaftsvereine mit Leistungskürzungen. Gleichzeitig löste die Finanzkrise eine langanhaltende Diskussion darüber aus, ob es sich beim Umlageverfahren um die adäquate Finanzierungsform für diese Art der Sozialversicherung handelte; vom Umlageverfahren wurde allerdings auch in den Folgejahren nicht abgewichen[15].

2.1.2 Die Knappschaftsversicherung seit 1883

1883 wurde mit der allgemeinen **Gesetzlichen Krankenversicherung** die erste der Bismarckschen sozialen Arbeiterzwangsversicherungen eingeführt. Diese Versicherung hatte auf die Knappschaften nur dahingehend einen Einfluß, als daß es zu einer rechnungsmäßigen Trennung von Kranken- und Pensionsversicherung kam. Die Knappschaftsvereine blieben jedoch weiterhin die Träger der knappschaftlichen Krankenversicherung. Die knappschaftlichen *Angestellten* wurden bis zu einer bestimmten Einkommensgrenze ebenfalls in der knappschaftlichen Krankenversicherung versichert.

Die Gründung der **Reichsgesetzlichen Unfallversicherung** im Jahr 1884 führte zu einer Herauslösung der knappschaftlichen Unfallversicherung aus den Knappschaftsvereinen. Die Bergleute waren zukünftig in der von den Bergbauunternehmen getragenen Knappschafts-Berufsgenossenschaft unfallversichert[16].

1889 wurde die **reichsgesetzliche Alters- und Invaliditätsversicherung** ins Leben gerufen. Da die knappschaftliche Altersversicherung weitergeführt wurde, bestanden zwei Alterskassen nebeneinander. Einige Knappschaftsvereine vermieden die Doppelversicherung dadurch, daß sie als besondere Kasseneinrichtungen der Invaliditätsversicherung anerkannt wurden. Die knappschaftliche Rente wurde in diesen Fällen neben der reichsgesetzlichen Altersversorgung gewährt, wobei Renten aus den beiden Versicherungszweigen allerdings zum Teil aufeinander angerechnet wurden. Andere Knappschaftsvereine beschränkten sich auf die Zahlung einer Rente aus einem der Versicherungszweige[17]. Die knappschaftliche Alters- und Invaliditätsversicherung erstreckte sich weiterhin nur auf die Gruppe der knappschaftlichen *Arbeiter*.

---

[15] vgl. [PÖHL85], S. 393.
[16] vgl. [GEYER87]. S. 28.
[17] vgl. [LAUF94], S. 145ff.

Die Knappschaftsvereine, die als Kasseneinrichtungen der Invaliditätsversicherungen anerkannt worden waren, kamen, wenn auch indirekt, erstmals in den Genuß eines *Reichszuschusses*. Für die allgemeine Bismarcksche Alters- und Invaliditätsversicherung waren seit ihrer Gründung Staatszuschüsse vorgesehen worden, die Knappschaftsvereine erhielten jedoch keine direkten Zuschüsse, außer wenn sie sich bereit erklärten, beide Renten, also die reichsgesetzliche neben der knappschaftlichen Rente zu gewähren. Da die reichsgesetzliche Rente bezuschußt wurde, erhielten die entsprechenden Knappschaftsvereine über diesen Umweg ebenfalls Reichszuschüsse.

Die Probleme, die zur ersten großen Finanzkrise der Knappschaftsvereine geführt hatten, wurden durch die Bismarcksche Sozialgesetzgebung nur unzureichend gelöst. Erste Schritte in diese Richtung wurden erst durch das **Änderungsgesetz zum Preußischen Allgemeinen Berggesetz von 1906** eingeleitet[18]. Die Versicherungspflicht in der Alters- und Invaliditätsversicherung wurde auf *alle* krankenversicherten Mitglieder erweitert, d.h. ab jetzt waren auch die Angestellten altersversichert.

Um das Problem der mangelnden finanziellen Deckung der Knappschaftsvereine in Zukunft zu vermeiden, sollten die Beiträge in Zukunft nach dem Kapitaldeckungsverfahren berechnet werden. Um die Finanzierung zukünftiger Leistungen sicherzustellen, wurde darüber hinaus 1907 die **Knappschaftliche Rückversicherungsanstalt** gegründet. Da der Beitritt freiwillig war, wurde er jedoch nicht von allen Knappschaftsvereinen vollzogen. 1908 wurde im Darmstädter **Freizügigkeitsvertrag** festgelegt, daß die versicherten Bergleute zwischen den (meisten) Knappschaftvereinen wechseln konnten, ohne ihre Versicherungsansprüche zu verlieren.

Zu einer endgültigen Zentralisierung der Knappschaftsvereine kam es allerdings auch durch diese Reformen nicht. Damit gab es nach wie vor auch keine Vereinheitlichung der Leistungen. Besondere Diskrepanzen im Leistungsumfang bestanden weiterhin zwischen den kleinen und großen Knappschaftsvereinen.

2.1.3 Das Reichsknappschaftsgesetz von 1924

Am 1.1.1924 trat das **Reichsknappschaftsgesetz** in Kraft[19]. Damit wurden die Knappschaftsvereine endgültig im Reichsknappschaftsverein vereint. Dieser übernahm nun die Trägerschaft der Kranken- und Rentenversicherung für Arbeiter und Angestellte im Bergbau. Regionalen Unterschieden wurden in der Gründung von 16 (rechtlich unselbständigen) Unterabteilungen, den Bezirksknappschaften, Rechnung getragen, die unter bestimmten Bedingungen auch Sonderleistungen gewähren konnten.

Mit dieser Zentralisierung der Knappschaftsvereine wurden mehrere Probleme, die die einzelnen Knappschaftsvereine bisher belastet hatten, weitgehend gelöst: Die Zersplitterung in kleine Knappschaftsvereine wurde aufgehoben; Beiträge und Leistungsansprüche

---

[18]vgl. dazu [GEYER87], S. 32ff, [BUNDESKNAPPSCHAFT94A], S. XLIX und [LAUF94], S. 158.
[19]vgl. [BUNDESKNAPPSCHAFT94A], S. LII, [LAUF94], S. 163 und [MENZEL89], S. 271.

konnten vereinheitlicht werden. Zwischen den einzelnen Knappschaftsvereinen wurde die volle Freizügigkeit für die Versicherten hergestellt. Die Finanzierung erfolgte wieder im Umlageverfahren. Die Beiträge mußten zu gleichen Teilen von Arbeitnehmern und Arbeitgebern entrichtet werden[20].

Die Aufgaben der neuen **Reichsknappschaftsversicherung** erstreckten sich auf die knappschaftliche Kranken- und Renten- und die Invaliditätsversicherung. Sie war zuständig für „alle Betriebe, in denen Mineralien oder ähnliche Stoffe bergmännisch gewonnen wurden"[21]. Eine Satzung legte die Beiträge für Stammrenten und Teuerungszulagen fest. Ein einheitlicher Leistungskatalog wurde festgeschrieben. Dieser enthielt auch damals schon Leistungen, die über das gesetzlich vorgeschriebene Ausmaß für die anderen Sozialversicherungsträger hinausgingen[22]. Grundsätzlich herrschte das Prinzip der Selbstverwaltung.

Reichszuschüsse zu den Ausgaben der Reichsknappschaftsversicherung sah das Reichsknappschaftsgesetz nicht vor. Erst im Zuge der beginnenden Weltwirtschaftskrise und den durch zurückgehende Produktion und steigende Arbeitslosigkeit sinkenden Beitragseinnahmen der Reichsknappschaftsversicherung, kam es 1929 im Rahmen der „lex Brüning" erstmals zu einer (direkten) teilweisen Übernahme der Ausgaben der Reichsknappschaft durch den Staat: Fast ein Viertel der Renten wurde schon im selben Jahr durch den Staat finanziert[23].

Die Beitragseinnahmen sanken weiter. Als Reaktion darauf erfolgten Leistungskürzungen bei gleichzeitigem Anstieg der Reichszuschüsse. Im Jahre 1932 übertrafen die Staatszuschüsse erstmals die Beitragseinnahmen: **In einer Notverordnung ging das Reich zum ersten Mal eine Art der Defizithaftung für die Knappschaftsversicherung ein.** 1937 wurde dann im Gesetz über den Ausbau der Rentenversicherung erstmals gesetzlich verankert, daß das Reich Finanzierungslücken der Reichsknappschaftsversicherung durch eine Reichsgarantie zu schließen hatte[24].

2.1.4 Vom 2. Weltkrieg bis heute

In den Jahren 1942/43 erfolgte eine vollständige Neuordnung der Knappschaftsversicherung: Zum einen wurde die knappschaftliche Invaliden- und Pensionsversicherung durch die *knappschaftliche Rentenversicherung* ersetzt[25], zum anderen wurde erstmals eine *Beitragsbemessungsgrenze* eingeführt[26].

Mit dem Ende des 2. Weltkriegs und dem Zusammenbruch des Deutschen Reiches kam es dann praktisch zu einer Auflösung der Reichsknappschaft: Die Verwaltungszentralen

---

[20]vgl. [BRETTSCHNEIDER91], S. 20.
[21][BUNDESKNAPPSCHAFT94A], S. LII.
[22]vgl. [LAUF94], S. 164.
[23]vgl. [HERMANN86], S. 580.
[24]vgl. [GEYER87], S. 323.
[25]vgl. [BRETTSCHNEIDER91], S. 21.
[26]vgl. [GEYER87], S. 365.

einiger Bezirksknappschaften waren durch den Krieg teilweise oder vollständig zerstört worden, die ober- und niederschlesischen Knappschaften mußten im Zuge der Besetzung Schlesiens durch die Sowjetarmee ihre Arbeit aufgeben.

In den westlichen Besatzungszonen nahm die Entwicklung jedoch einen anderen Verlauf. Dem Bergbau, vor allem dem Ruhrbergbau, war von den britischen und amerikanischen Besatzungsmächten eine Schlüsselrolle beim Wiederaufbau nicht nur der Wirtschaft Deutschlands, sondern ganz Westeuropas zugemessen worden. Den westlichen Alliierten war deshalb daran gelegen, möglichst rasch wieder geregelte Verhältnisse nicht nur in den Zechen, sondern auch in den Bezirksknappschaften herzustellen. Letzteren wurde bereits 1945 von den Besatzungsmächten auferlegt, die Arbeit der Knappschaftsversicherung wieder aufzunehmen. Mit dem **Knappschaftversicherungs- und Anpassungsgesetz von 1949** wurden dann die Bezirksknappschaften in den drei westlichen Besatzungszonen Träger der knappschaftlichen Renten- und Krankenversicherung mit eigener Rechtspersönlichkeit unter der Bezeichnung „Knappschaft". Die vollständige Selbstverwaltung erlangte die Knappschaftsversicherung 1951[27].

1957 trat im Zuge der allgemeinen Rentenreform in der Bundesrepublik das **Knappschaftsrentenversicherungs - Neuregelungsgesetz** in Kraft[28]. Damit galt für alle drei Zweige der Rentenversicherung, d.h. die Rentenversicherungen der Arbeiter und Angestellten und die knappschaftliche Rentenversicherung grundsätzlich das gleiche Recht, wobei allerdings für die knappschaftliche Rentenversicherung Sonderbestimmungen eingeführt wurden. Die wichtigsten Charakteristika der knappschaftlichen Rentenversicherung waren die folgenden:

- Versichert waren alle *Beschäftigten eines „knappschaftlichen Betriebes"*.
- Wie in der Rentenversicherung der Arbeiter und Angestellten erfolgte die Finanzierung in der knappschaftlichen Rentenversicherung nach dem *Umlageverfahren*.
- Die Renten wurden wie in den anderen beiden Zweigen der Rentenversicherung *dynamisiert*.
- Die Einführung des *Bundeszuschusses* zur knappschaftlichen Rentenversicherung wurde gesetzlich verankert: Der Bund stellte durch einen Bundeszuschuß die Differenz zwischen Einnahmen und Ausgaben eines Kalenderjahres sicher[29].
- Die *Beitragsbemessungsgrenze* in der knappschaftlichen Rentenversicherung wurde höher angesetzt als in der Rentenversicherung der Arbeiter und Angestellten.
- Der *Arbeitgeberbeitrag* zur knappschaftlichen Rentenversicherung lag um ein Drittel über dem Arbeitnehmerbeitrag. Damit überstieg der Gesamtbeitragssatz den Beitragssatz in der Rentenversicherung der Arbeiter und Angestellten.

[27]vgl. [BUNDESKNAPPSCHAFT94A], S. LIVff.
[28]vgl. [LAUF94], S. 208 und [MENZEL89], S. 282.
[29]vgl. [LAUF94], S. 208ff.

- Die *knappschaftlichen Renten* lagen höher als die Renten der Arbeiter und Angestellten. Zusätzlich gab es Leistungszuschläge bei langjähriger Hauerarbeit unter Tage, die die entsprechenden Renten zusätzlich erhöhten.

- Als *zusätzliche knappschaftliche Rentenarten* wurden die „Bergmannsrente“ und das „Knappschaftsruhegeld“ eingeführt, die bei langjähriger unter Tage Arbeit einen Rentenbezug mit der Vollendung des 60. Lebensjahres ermöglichten[30].

Mit diesen Bestimmungen wurden die Grundlagen für das heute gültige Knappschaftsrentenrecht gelegt.

Zur endgültigen Vereinigung der Bezirksknappschaften kam es 1969 mit dem **Gesetz zur Errichtung der Bundesknappschaft**. Die Bundesknappschaft mit Sitz in Bochum wurde zum Träger der Knappschaftsversicherung in der gesamten Bundesrepublik. Sie umfaßte die knappschaftliche Renten- und Krankenversicherung. Sie erhielt den Status einer rechtsfähigen Körperschaft des öffentlichen Rechts mit Selbstverwaltung durch die Versicherten und die Arbeitgeber des Sektors Bergbau.

Mit der **Rentenreform von 1992** wurden die gesetzlichen Grundlagen für die drei Zweige der Rentenversicherung (knappschaftliche Rentenversicherung, Rentenversicherung der Arbeiter und Rentenversicherung der Angestellten) im 6. Buch des Sozialgesetzbuchs (SGB VI) vereinigt. Der knappschaftlichen Rentenversicherung wurden auch weiterhin weitgehende Sonderregelungen eingeräumt[31].

In der sowjetischen Besatzungszone nahm die Entwicklung nach 1945 einen anderen Verlauf. 1947 wurden die Bemühungen eines Zusammenschlusses von drei Bezirksknappschaften zur Mitteldeutschen Knappschaft im Keim erstickt. Mit der Übertragung der gesamten Sozialversicherung auf den FDGB wurde daraufhin die Knappschaft in Ostdeutschland aufgelöst. Allerdings blieb eine Art der bergbaulichen Versicherung auch in der DDR weiterhin bestehen, kam doch auch dort dem Bergbau eine Schlüsselposition beim Wiederaufbau zu. Die Bergleute hatten im Sozialversicherungssystem eine Sonderstellung, das ihnen ein hohes Versorgungsniveau und großzügige Rentenregelungen garantierte[32].

Nach der Wiedervereinigung wurde die Bundesknappschaft am 1.1.1991 Trägerin der Rentenversicherung der Arbeiter und Angestellten im Bergbau der ehemaligen DDR. Ebenso übernahm sie die Aufgaben der bergbaulichen Krankenversicherung und der Rehabilitation in den fünf neuen Ländern[33].

---

[30] vgl. [BRETTSCHNEIDER91], S. 24.

[31] Auf diese Sonderregelungen wird im Abschnitt 7 ausführlich eingegangen.

[32] vgl. [LAUF94], S. 207.

[33] vgl. [BUNDESKNAPPSCHAFT94A], S. 262.

2.2 Die Knappschaftsversicherung in ihrer heutigen Form

Die Bundesknappschaft als Trägerin der Knappschaftsversicherung (KnV) hat heute folgende Aufgaben[34]:

- knappschaftliche Rentenversicherung (knRV)
- knappschaftliche Krankenversicherung (knKV)
- knappschaftliche Krankenversicherung der Rentner (knKVdR)
- knappschaftliche Pflegeversicherung (knPflV) (seit 1995)
- knappschaftliche Rehabilitation
- knappschaftlicher Gesundheitsdienst bzw. Eigenbetriebe

Diese Versicherungszweige bilden den sog. **knappschaftlichen Verbund.**

In Abbildung 1 ist die Verteilung der Ausgaben des knappschaftlichen Verbundsystems im Jahre 1996 dargestellt.

Abbildung 1: Die Ausgaben der KnV 1996

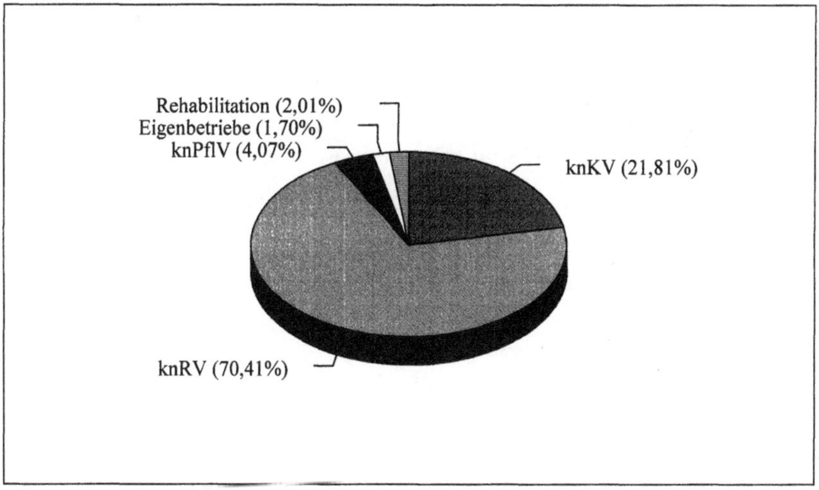

Der wichtigste Teil der KnV ist die knappschaftliche Rentenversicherung. Im Jahr 1996 entfielen 70% des Haushaltsvolumens der KnV auf die Rentenversicherung[35]. Aufgrund

[34] vgl. u.a. [BUNDESKNAPPSCHAFT94B], S. 4.

[35] vgl. KOMPASS 11/1997, S. 500.

dieser finanziellen Bedeutung und wegen der Tatsache, daß die knRV als einziger Bestandteil des knappschaftlichen Verbundsystems die hohen Bundeszuschüsse erhält, konzentriert sich die vorliegende Arbeit auf die knappschaftliche Rentenversicherung.

Außerhalb des knappschaftlichen Verbundes steht die knappschaftliche Unfallversicherung. Sie wurde nach ihrer Herauslösung aus der Knappschaftsversicherung 1884 auch später nicht mehr in den Verbund einbezogen. Die Unfallversicherung obliegt heute der Bergbau-Berufsgenossenschaft (BBG). Sie ist eine der 35 gewerblichen Berufsgenossenschaften in der Bundesrepublik[36]. Sie versicherte 1996 etwa 170.000 Beschäftigte im Bergbau gegen Arbeits- und Wegeunfälle, sowie Berufskrankheiten[37]. Die BBG finanziert sich, wie alle Gesetzlichen Unfallversicherungsträger im Umlageverfahren. Ihre Einnahmen setzen sich zusammen aus Beiträgen der bergbaulichen Unternehmen und aus den Anteilen, die die BBG im Rahmen des Lastenausgleichs zwischen den anderen Gewerblichen Berufsgenossenschaften erhält[38]. Da die BBG nicht Teil der Knappschaftsversicherung ist, wird sie in der vorliegenden Arbeit nicht weiter behandelt.

[36]Daneben existieren noch 19 landwirtschaftliche Berufsgenossenschaften und 41 Unfallversicherungsträger der öffentlichen Hand; vgl. KOMPASS 10/1985, S. 404.

[37]vgl. [BBG93] S. 19; vgl. [KOMPASS 9/1997], S. 364.

[38]vgl. [WOHLBEREDT85], S. 479ff.

3 Wichtige Kennzahlen der knRV

Um eine Einordnung der derzeitigen Situation der knRV zu ermöglichen, werden in den folgenden Abschnitten wichtige Kennzahlen der knRV angeführt. Ausführlicher behandelt werden dabei die Versichertenstrukturen und -zahlen, da Detailkenntnisse dieser Zusammenhänge für die weiteren Abschnitte eine große Rolle spielen.

Rentenbestände bzw. Einnahmen und Ausgaben werden dagegen nur überblicksartig dargestellt. Eine differenziertere Analyse dieser Zahlen zusammen mit den rentenrechtlichen Grundlagen erfolgt in Abschnitt 7.

3.1 Die Versicherten der knRV

3.1.1 Gesetzliche Regelungen

Die Versicherten der knRV teilen sich auf in die Gruppe der **Beschäftigten** und die Gruppe der **Sonstigen Versicherten**. Beschäftigte sind nach §1 Abs. 1 SGB VI „Personen, die gegen Arbeitsentgelt oder zu ihrer Berufsausbildung beschäftigt sind". Bei den Sonstigen Versicherten handelt es sich beispielsweise um Pflegepersonen, Wehr- und Ersatzdienstleistende oder Bezieher von Arbeitslosengeld oder Arbeitslosenhilfe.

Die Aufzählung macht eines besonders deutlich, nämlich, daß es sich bei dem versicherten Personenkreis keineswegs nur um unter und über Tage beschäftigte *Bergleute* handelt, sondern auch um Arbeiter und Angestellte über Tage, die keine bergmännischen Tätigkeiten verrichten.

Als Beschäftigte sind nach §137 SGB VI die folgenden Personengruppen in der knRV pflichtversichert:

1. alle Beschäftigten in einem knappschaftlichen Betrieb.
2. alle Beschäftigten, die knappschaftliche Tätigkeiten verrichten.
3. die Beschäftigten bei Arbeitnehmer- und Arbeiterorganisationen, die mit dem Bergbau im Zusammenhang stehen. Hierunter fallen die Mitarbeiter der IG Bergbau, Steine, Erden, die Abteilung Bergbau der Deutschen Angestellten Gewerkschaft und die Arbeitnehmer bei den Interessengruppen des Bergbaus.
4. die Beschäftigten bei Bergämtern und Oberbergämtern (dies sind die Aufsichtsbehörden für den Bergbau) sowie die Mitarbeiter bei bergmännischen Prüf-, Forschungs- oder Rettungsstellen ohne die Beamten.
5. die Arbeiter und Angestellten der Bundesknappschaft, soweit sie keine Beamten sind.

Unter einem **knappschaftlichen Betrieb** sind nach §138 SGB VI Abs. 1-3 zu verstehen[39]:

- Betriebe, in denen *Mineralien* oder *ähnliche Stoffe* bergmännisch gewonnen werden. Eine *bergmännische Gewinnung* liegt unter anderem dann vor, wenn Stollen und Schächte vorhanden sind oder Abbaustrecken von einem Stollen aus getrieben werden[40].
- Betriebe der Industrie der Steine und Erden, jedoch nur dann, wenn sie *überwiegend unterirdisch* betrieben werden.
- Versuchsgruben des Bergbaus.
- Nebenbetriebe eines knappschaftlichen Betriebs, wenn sie mit diesem räumlich und betrieblich zusammenhängen. Hierbei handelt es sich hauptsächlich um Betriebe, „die die im Hauptbetrieb gewonnenen Mineralien weiterverarbeiten oder veredeln... (wie z.B.) Elektrizitäts- und Hüttenwerke oder Kokereien, die die gewonnene Kohle bzw. das Erz weiterverarbeiten“[41].

Bei **knappschaftlichen Arbeiten** handelt es sich um Arbeiten, die sowohl räumlich als auch betrieblich mit einem Bergwerksbetrieb zusammenhängen. Die Durchführung von knappschaftlichen Arbeiten ist (rechtlich) gleichbedeutend mit der Arbeit in einem knappschaftlichen Betrieb[42].

Zu den Versicherten der knRV zählen ebenso Beschäftigte **in einem nicht knappschaftlichen Betrieb** nach §273 Abs. 1 SGB VI, die vor dem 1.1.1992 bei der knRV versichert waren. Diese Sonderregelung wurde erforderlich, weil einige Betriebe des Steinkohlenbergbaus durch Neuordnungen im Bereich des Steinkohlenbergbaus nicht mehr als knappschaftliche Betriebe galten. Demzufolge hätten die Beschäftigten auch nicht mehr in der knRV versichert werden dürfen. Ebenfalls weiter bei der knRV versichert bleiben Beschäftigte, die vor dem 1.1.1992 bei der knRV versichert waren, die aber infolge von Neuorganisationen in einem knappschaftlichen Unternehmen innerhalb von 18 Kalendermonaten in einen anderen, nicht mehr knappschaftlichen Betriebsteil, versetzt werden. Diese Regelung gilt nur für die Dauer des Beschäftigungsverhältnisses.

3.1.2 Die Versichertenzahlen

1996 waren in der gesamtdeutschen knRV 244.916 Männer und Frauen versichert, davon 155.480 (63%) in den alten Ländern (im folgenden **knRV-West**) und 89.436 in den neuen Ländern (37%)[43] (im folgenden **knRV-Ost**). Abb. 2 zeigt die Entwicklung der Versichertenzahlen seit Gründung der Bundesknappschaft im Jahre 1969.

---

[39] Alle in der folgenden Aufzählung kursiv gesetzten Ausdrücke sind im Anhang A.1 näher definiert.

[40] vgl. [BRETTSCHNEIDER91], S. 26.

[41] [HzS], Gruppe 5b, S. 79.

[42] Die genauen Details zu knappschaftlichen Arbeiten sind im Anhang A.2 dargestellt.

[43] vgl. [DEUTSCHER BUNDESTAG97B], Übersicht II 1, S. 1171.

Abbildung 2: Entwicklung der Versichertenzahlen der knRV seit 1969

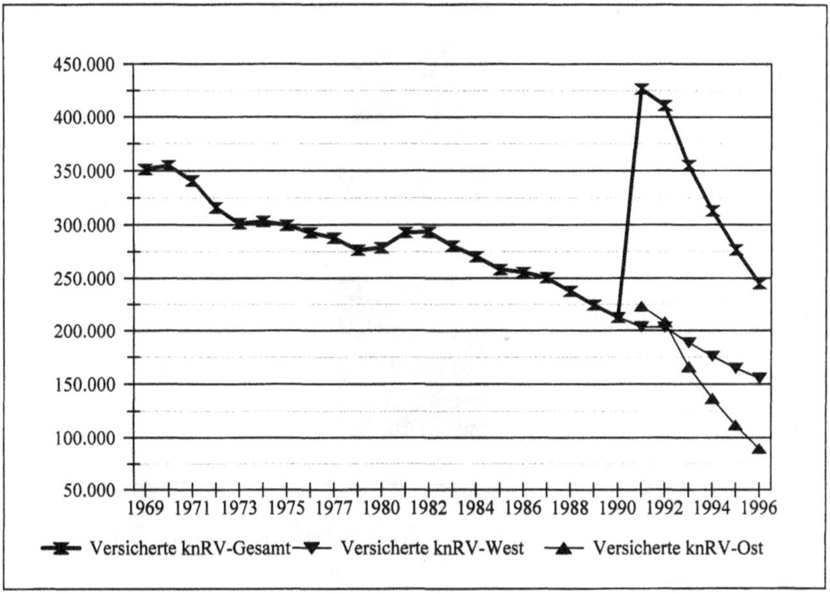

1969 zählte die knRV noch 351.199 Versicherte, bis 1990 war diese Zahl um 40% auf 212.342 Versicherte zurückgegangen. Durch die Ausdehnung der knRV auf die fünf neuen Länder ab 1991 hat sich die Zahl der Versicherten auf 426.720 Versicherte verdoppelt: 1991 kamen 52% der Versicherten aus den neuen Ländern. Seither haben die Versichertenzahlen sowohl in den alten als auch in den neuen Ländern stark abgenommen: Bis 1996 sanken die Versichertenzahlen in den alten Ländern um 24%, in den neuen Ländern jedoch um 60%.

In Abbildung 3 ist die Aufteilung der Versicherten in Beschäftigte und sonstige Versicherte im Jahre 1996 in der knRV-West und der knRV-Ost dargestellt.

In der knRV-West gehörten 1996 gemäß Abbildung 3 92% der Versicherten der Gruppe der Beschäftigten an, während in der knRV-Ost die Gruppe der sonstigen Versicherten mit 30% relativ bedeutender als in der knRV-West war. Dies ist hauptsächlich auf den vergleichsweise hohen Anteil an arbeitslosen Versicherten in den fünf neuen Ländern zurückzuführen[44].

Von den 205.005 Beschäftigten der gesamtdeutschen knRV waren 1996 48% im gesamtdeutschen Steinkohlenbergbau und 23% im gesamtdeutschem Braunkohlenbergbau beschäftigt. Die Anteile der Beschäftigten der verschiedenen Bergbauarten sind in der

[44]vgl. [GÜNTHER/HOFMANN97A], Tabelle 1, S. 268 und Tabelle 6, S. 272.

Abbildung 3: Beschäftigte und Sonstige Versicherte in der knRV 1996

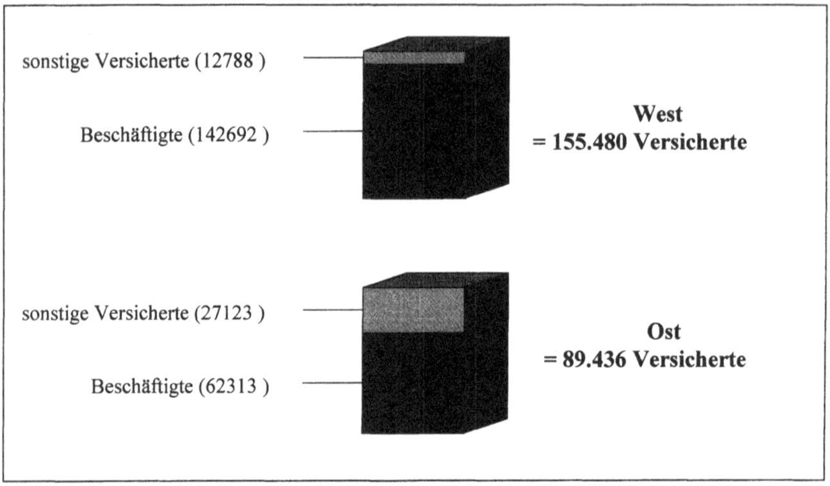

knRV-West und der knRV-Ost jedoch sehr unterschiedlich. Dies verdeutlicht Abbildung 4.

Im westlichen Bundesgebiet arbeiteten 1996 69% der Beschäftigten im Steinkohlenbergbau und nur 10% im Braunkohlenbergbau. Abbildung 4 zeigt auch, daß der Anteil der Beschäftigten gemäß §137 Nr. 3 SGB VI (Beschäftigte bei Arbeitnehmer- und Arbeiterorganisationen, Bergämtern und Oberbergämtern etc.[45]) in der knRV-West mit 0,28% bzw. 339 Beschäftigten sehr gering ist. Deutlich größer mit fast 5% ist jedoch der Anteil der Betriebe/Versicherten nach §273 Abs. 1 SGB VI (Beschäftigte in einem nichtknappschaftlichen Betrieb)[46].

In der knRV-Ost arbeiteten 1996 53% der Beschäftigten in Betrieben des Braunkohlenbergbaus, der zweitgrößte Posten ist mit 21% der Bereich der sonstigen Betriebe/Mineralien[47], an dritter Stelle lagen mit 15% die Beschäftigten der Betriebe, die auf Grund besonderer Regelungen im Einigungsvertrag Besitzschutz in Anspruch nehmen konnten[48].

Aufgrund der unterschiedlichen Anteile der Beschäftigten der verschiedenen Bergbauarten sind auch die Anteile der unter und über Tage Beschäftigten in der knRV-West und der knRV-Ost sehr unterschiedlich. Wegen des hohen Anteils des Steinkohlenbergbaus

[45] vgl. die Punkte 3 und 4 der Aufzählung in Abschnitt 3.1.1

[46] vgl. [GÜNTHER/HOFMANN97A], Tabelle 4, S. 271.

[47] Leider findet in der Literatur keine weitere Unterteilung statt.

[48] vgl. [GÜNTHER/HOFMANN97A], S. 274; eigene Berechnungen. Eine weitergehende Unterscheidung der Beschäftigten, die in einem knappschaftlichen Betrieb arbeiten bzw. knappschaftliche Tätigkeiten verrichten, wird nicht zur Verfügung gestellt. Ebenso wird die Gruppe der Sonstigen Versicherten nicht auf die einzelnen Bergbauarten verteilt.

Abbildung 4: Beschäftigte nach Bergbauarten 1996

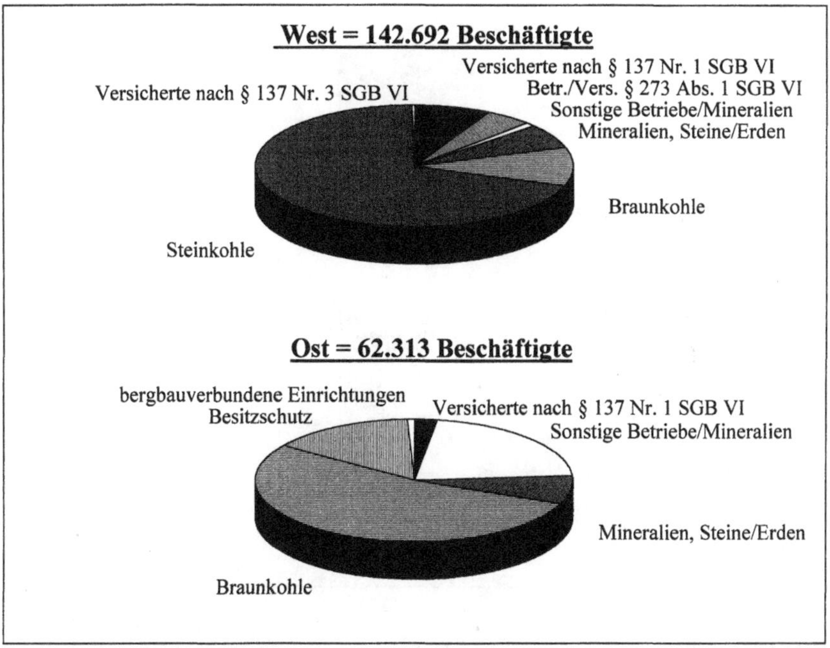

arbeiteten 1996 in der knRV-West noch 46% aller Beschäftigten unter Tage, in der knRV-Ost betrug dieser Anteil nur 6%[49]. Abbildung 5 zeigt, wie sich die Beschäftigten 1996 auf die Gruppen Arbeiter und Angestellte über und unter Tage aufteilt.

Der geringe Anteil der unter Tage Beschäftigten in den fünf neuen Ländern rührt daher, daß Tiefenbergbau in der ehemaligen DDR kaum noch existiert. Der hohe Anteil der im Braunkohlenabbau Beschäftigten arbeitet ausschließlich über Tage.

Die Altersstruktur der Beschäftigten ist in den alten Ländern weit günstiger als in den neuen Ländern: Der größte Teil der Arbeiter und Angestellten im Westen befand sich 1996 in einem Altersbereich von 25 bis 40 Jahren, das Durchschnittsalter betrug 37 Jahre, während das Durchschnittsalter im Osten bei über 43 Jahren lag[50].

3.2 Der Rentenbestand der knRV

In Abbildung 6 ist die Entwicklung des Rentenbestands der knRV dargestellt. Es zeigt

[49]vgl. [DEUTSCHER BUNDESTAG97B], Übersicht II 1, S. 171.

[50]vgl. [GÜNTHER/HOFMANN97A], S. 269ff.

Abbildung 5: Beschäftigte unter und über Tage

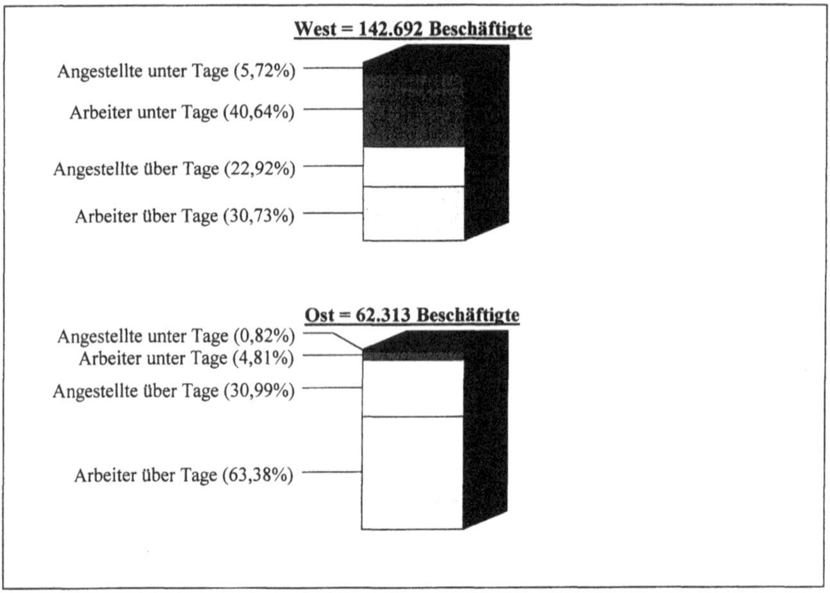

sich, daß der Rentenbestand zwischen 1969 und 1991 nur geringfügig (5%) zurückging, daß er durch die Wiedervereinigung jedoch um über 40% von 709.170 auf 1.004.690 Renten anstieg[51]. Davon wurden 712.458 Renten (71%) von der knRV-West und 292.232 Renten (29%) von der knRV-Ost bezahlt.

Sowohl in den alten als auch in den neuen Bundesländern gingen die Rentenbestände 1992 und 1993 zurück. Seither ist jedoch wieder ein kontinuierlicher Anstieg zu verzeichnen, wobei die jährliche Zunahme in den fünf neuen Ländern mit durchschnittlich 2,4% deutlich über dem Anstieg von durchschnittlich 0,3% in den alten Ländern lag. 1996 entfielen 708.062 Renten auf die knRV-West, 310.097 auf die knRV-Ost[52].

3.3 Die Einnahmen und Ausgaben der knRV

Die Einnahmen der knRV setzen sich zusammen aus Beitragseinnahmen, Erstattungen bzw. Ausgleichszahlungen von der RV der Arbeiter und Angestellten (Wanderversicherungsausgleich/Wanderungsausgleich) und dem Bundeszuschuß[53].

[51] Der Rentenbestand der knRV-Ost wird erst seit 1992 ermittelt.

[52] vgl. [BMA80], Tabelle 149, S. 137; [BMA97B], Tabelle 96, S. 143; eigene Berechnungen.

[53] In Abschnitt 7.3 werden die einzelnen Einnahmenbestandteile genauer definiert.

Abbildung 6: Entwicklung des Rentenbestands der knRV

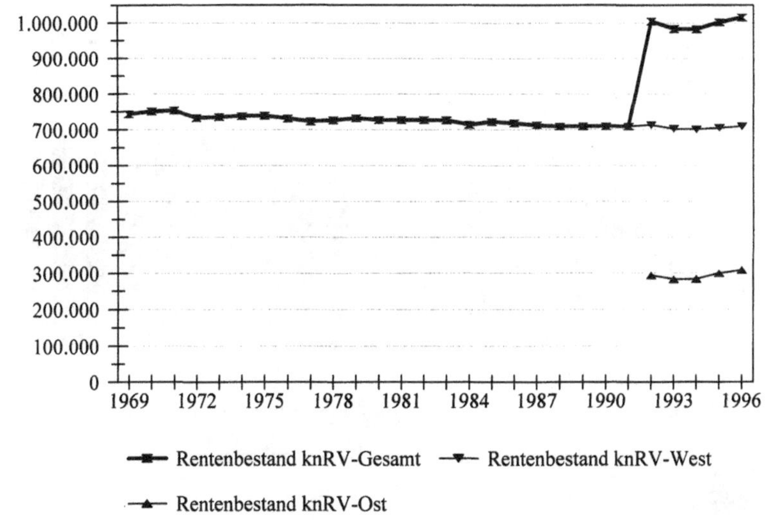

Die **Gesamteinnahmen** der knRV-West sind zwischen 1977 und 1996 von 12 Mrd. DM auf 21 Mrd. DM oder 77% gestiegen. In Abbildung 7 ist die Entwicklung der einzelnen Einnahmenbestandteile der knRV-West im Zeitablauf dargestellt. Auffallend ist der große Anteil des **Bundeszuschusses** an den Einnahmen der knRV. Es ist jedoch anzumerken, daß der Bundeszuschuß zwar absolut von 7 Mrd. DM im Jahre 1977 auf 12 Mrd. DM 1996 (um 76%) gestiegen ist, sein Anteil an den Gesamteinnahmen jedoch im Zeitablauf nicht zugenommen hat: 1996 lag sein Anteil mit 58% an den Einnahmen sogar knapp unter den 59% von 1977.

Im selben Zeitraum (1977-1996) sind die **Beitragseinnahmen** unterdurchschnittlich von 1,9 Mrd. DM auf 2,3 Mrd. DM oder um 22% gestiegen. Deren Anteil an den Gesamteinnahmen ging entsprechend von 16% 1977 auf 11% 1996 zurück. Dem gegenüber steht der steigende Einnahmenanteil aus dem **Wanderversicherungsausgleich** von 18 bzw. 28%[54].

Seit der Ausdehnung der knRV auf die fünf neuen Länder im Jahr 1991 sind die **Gesamteinnahmen** der knRV-Ost von 3,4 Mrd. DM auf 6,1 Mrd. DM oder um 153% gestiegen. Die einzelnen Einnahmenanteile haben sich allerdings anders als in der knRV-West entwickelt. In Abbildung 8 ist diese Entwicklung dargestellt.

[54]vgl. [DEUTSCHER BUNDESTAG97B], Übersicht II 13, S. 210.

Abbildung 7: Einnahmenentwicklung in der knRV-West

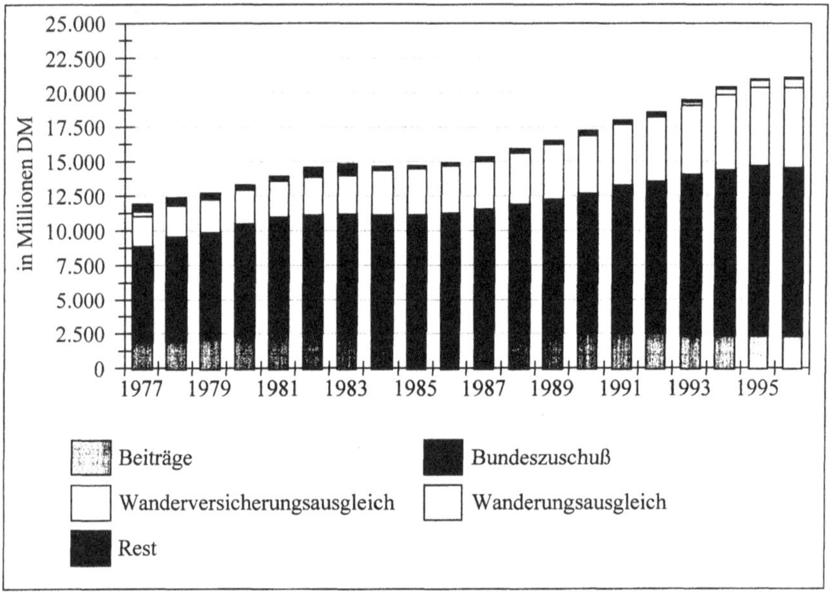

Der größte Einnahmenposten in der knRV-Ost ist nicht der Bundeszuschuß, sondern der **Wanderversicherungsausgleich**. Dies ist vor dem Hintergrund der bereits dargestellten Entwicklung der knRV-Ost auch unmittelbar einsichtig: ein Wanderversicherungsausgleich muß immer dann gezahlt werden, wenn ein Versicherter zwischen den einzelnen Versicherungen wechselt. Wechselt z.B. ein Versicherter der knRV zur RV der Arbeiter oder der Angestellten, wird seine Rente unter bestimmten Voraussetzungen aber dennoch von der knRV bezahlt. Für die Zeit, die dieser Versicherte nicht bei der knRV sondern bei einer der beiden anderen Versicherungen versichert war, erhält die knRV von der jeweiligen Versicherung eine Ausgleichszahlung.

Da im Zuge der Strukturanpassungen im Bergbau in den fünf neuen Ländern ein bedeutender Teil der Versicherten der knRV zur RV der Arbeiter und Angestellten gewechselt sein dürfte, ihre Renten aber von der knRV bezahlt werden müssen, erhält die knRV für diese Versicherten seit 1992 ein Drittel ihrer Einnahmen aus dem Wanderversicherungsausgleich. Der **Bundeszuschuß** beträgt 1996 dagegen „lediglich" 1,7 Mrd. DM bzw. 27% der Gesamteinnahmen, die Beiträge belaufen sich auf 900 Mio. DM oder 15%.

Der Bundeszuschuß zur knRV resultiert, anders als der Bundeszuschuß zur Rentenversicherung der Arbeiter und Angestellten, aus einer *Defizithaftung* des Bundes. Als Saldoposten auf der Einnahmenseite sorgt er für einen Ausgleich zwischen Gesamteinnahmen

Abbildung 8: Einnahmenentwicklung in der knRV-Ost

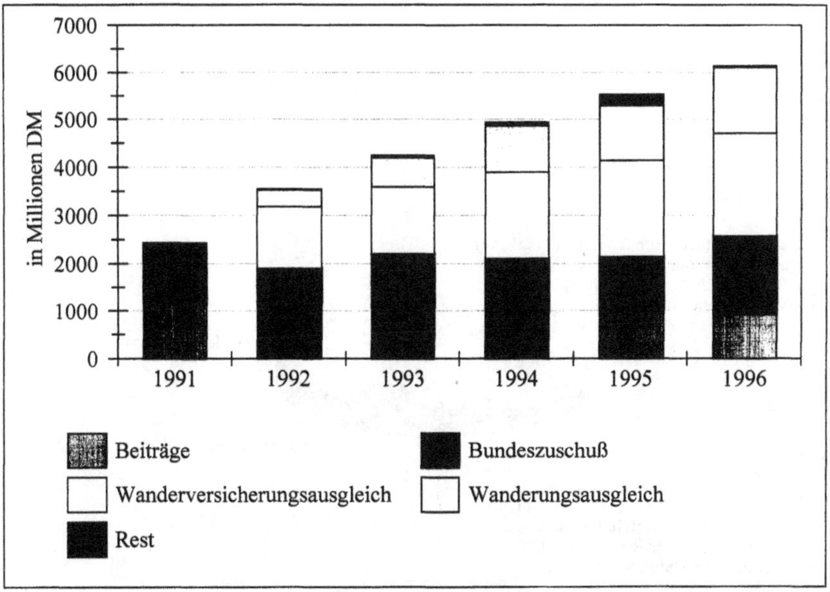

und Gesamtausgaben der knRV[55].

Die Anteile der einzelnen **Ausgaben**bestandteile der knRV-West und knRV-Ost im Jahr 1996 sind in Abbildung 9 dargestellt.

Abbildung 9 zeigt, daß sich die Anteile der einzelnen Ausgabenposten in der knRV-West und der knRV-Ost weitgehend angeglichen haben. In beiden Versicherungszweigen fließen über 85% in die Ausgaben für Renten, der zweithöchste Anteil von ca. 7% wird für die knappschaftliche Kranken- und Pflegeversicherung (KV/PflV) der Rentner aufgewendet[56].

---

[55]Zur genaueren Ausgestaltung des Bundeszuschusses vgl. Abschnitt 7.4.

[56]vgl. [DEUTSCHER BUNDESTAG97B], Übersicht II 13 und II 14, S. 210ff.

Abbildung 9: Ausgabenbestandteile der knRV 1996

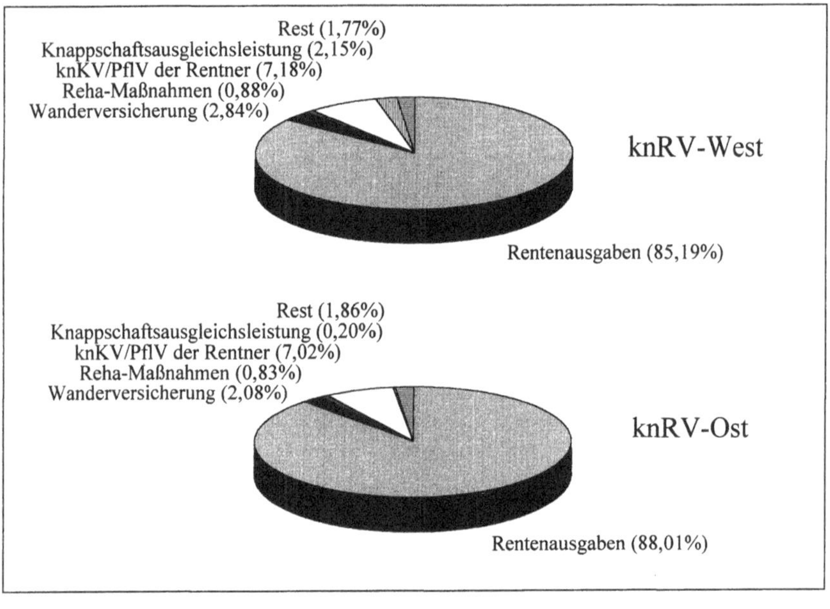

4 Der Bergbau in Deutschland

Angesichts der Konzentration der KnV auf die Beschäftigten im Bergbau ist es unmittelbar einsichtig, daß die Situation und weitere Entwicklung des deutschen Bergbaus von elementarer Bedeutung für die KnV ist. Im folgenden Abschnitt wird diese Situation kurz dargestellt.

Am Anfang sind einige Anmerkungen zur Datenlage notwendig. Dann wird kurz auf die Vorkommen und Förderung von Bodenschätzen in Deutschland eingegangen. Im dritten Abschnitt wird die wirtschaftliche Entwicklung des Bergbaus beleuchtet. Den Abschluß bildet ein Überblick über die Subventionen an den Steinkohlenbergbau.

4.1 Einige Anmerkungen zur Datenlage

Bei der Aufarbeitung vorhandener Daten zum Sektor „Bergbau“ besteht ein grundsätzliches Problem: Unterschiedliche Institutionen stellen zum gleichen Sachverhalt unterschiedliche Daten zur Verfügung. Z.B. weichen die Angaben über „Beschäftigte im Bergbau“ des Statistischen Bundesamtes bzw. des SVR und der Bundesknappschaft voneinander ab.

Dies hat vor allem zwei Gründe:

1. Unterschiedliche Abgrenzungen des Wirtschaftsbereiches „Bergbau“:
   Bei der Datenerfassung des Statistischen Bundesamtes bzw. des SVR und der knRV wird der Bereich Bergbau unterschiedlich abgegrenzt: Bergbau i.S.d. Statistischen Bundesamtes/SVR umfaßt beispielsweise die Gewinnung von Erdöl und Erdgas und den gesamten Bereich der Gewinnung von Steinen und Erden[57]. Erdöl und Erdgas gelten für die Datenerfassung der knRV dagegen nicht als Bergbau, die Gewinnung von Steinen und Erden ist nur „bergbaulich i.S.d. knRV“, wenn sie weitgehend unterirdisch betrieben werden. Ebenso zu den Bergbaubetrieben i.S.d. knRV gehören Zulieferbetriebe zu Bergbaubetrieben, die für das Statistische Bundesamt bzw. den SVR nicht zu den Bergbaubetrieben zu zählen sind.

2. Unterschiedliche Datenerfassungsmethoden:
   Beispielsweise werden die Angaben zur Beschäftigung vom Statistischen Bundesamt/SVR aus Mikrozensuserhebungen, Betriebsmeldungen und Angaben der Sozialversicherungsträger gewonnen. Die Bundesknappschaft zieht als Datenbasis jedoch ausschließlich die Daten ihrer Versicherten heran.

Für die meisten Darstellungen, besonders bezüglich versicherungsrelevanter Tatbestände, liefert die Bundesknappschaft zwar umfangreiches Zahlenmaterial[58], für eine umfassendere

[57] Im Anhang B sind die Wirtschaftszweige aufgeführt, die in der Systematik des Statistischen Bundesamtes zur „Unterabteilung Bergbau“ gehören.

[58] auch wenn es oft nicht in der erforderlichen Gliederungstiefe oder der gewünschten Form zur Verfügung steht.

Darstellung der Situation des Sektors Bergbau muß jedoch auf andere Quellen wie eben das Statistische Bundesamt oder den SVR zurückgriffen werden. Dies ist vor allem auch dann notwendig, wenn man langfristigere Entwicklungstendenzen darstellen will. Dabei kann es aus obengenannten Gründen zu unterschiedlichen Zahlenangaben für den gleichen Sachverhalt kommen.

Wegen der Dominanz des Stein- und Braunkohlenbergbaus bei den Versichertenzahlen der Bundesknappschaft (vgl. Abbildung 4), konzentrieren sich die folgenden Abschnitte zwar weitgehend auf den Kohlenbergbau. Gerade aber um die Bedeutung des für die KnV so wichtigen Kohlenbergbaus richtig einordnen zu können, ist an einigen Stellen die Analyse der Situation des gesamten Bergbaus (i.S.d. Abgrenzung des Statistischen Bundesamtes) notwendig.

4.2 Bodenschätze in Deutschland

Die Bundesrepublik Deutschland verfügt über größere Vorkommen an **Steinkohle** (vornehmlich im Westteil, hauptsächlich in Nordrhein-Westfalen und dem Saarland), **Braunkohle** (hauptsächlich im Rheinland und in Sachsen), **Kali** (in einem Dreieck Hannover, Eisenach, Halle), **Kochsalz** (Raum Heilbronn und Bad Reichenhall), **Erdgas** (im Norddeutschen Tiefland und im Alpenvorland) und **Graphit** (im Bayerischen Wald).

Abbildung 10: Produktion bergbaulicher Erzeugnisse 1994

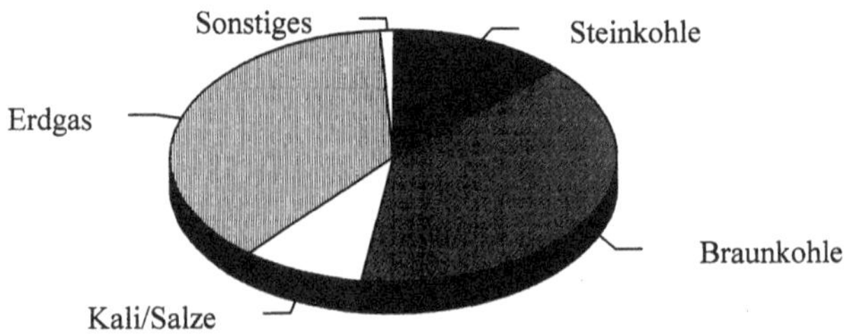

1994 entfiel mit 40% der Hauptanteil der **Produktion bergbaulicher Erzeugnisse**[59] auf die Förderung von Braunkohle und mit Braunkohle verwandte Erzeugnisse, Erdgas

[59]Hierbei handelt es sich im Fall der Kohlenproduktion um die Gesamterzeugung abzüglich der Einsatzkohlen für Brikettherstellung und Kokserzeugung in Zechenkraftwerken, die aus der Förderung zum Absatz verfügbar ist, gemessen in Tonnen. Im Fall des Erdgases werden Millionen Kilowatt Stunden gemessen. Salze werden ebenfalls in Tonnen gemessen.

lag mit 38% an zweiter, Steinkohle und verwandte Erzeugnisse mit 13% an dritter und Kalirohsalz mit etwa 9% an 4. Stelle[60].

Abbildung 11: Förderung von Stein- und Braunkohle

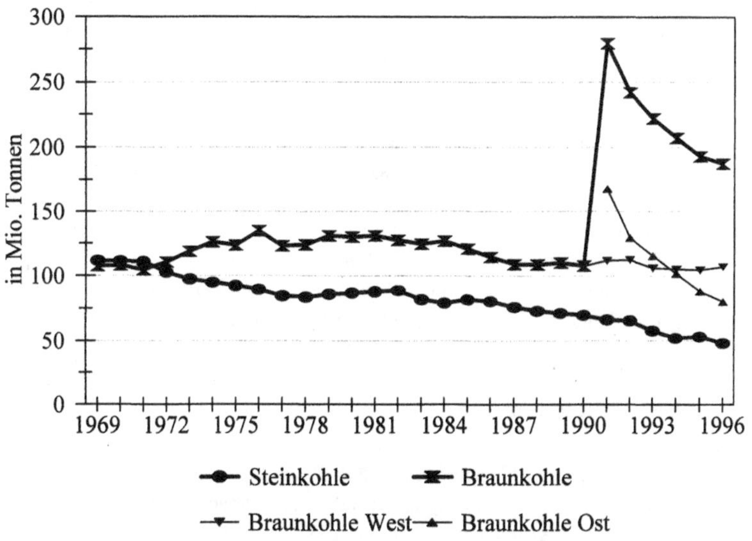

Die **Förderung von Steinkohle** ist seit 1957 stetig zurückgegangen: 1996 betrug die jährliche Förderung mit 48 Mio. Tonnen weniger als ein Drittel der Förderung von 1957[61].

Die **Förderung von Braunkohle** in den alten Ländern stieg von 107 Mio. Tonnen 1969 auf 110 Mio. Tonnen 1989 leicht an; der Einfluß der Wiedervereinigung auf die Fördermengen war allerdings beträchtlich: Im Jahr 1991 hat sich die Förderung mehr als verdoppelt[62]. Seither sinkt sie allerdings wieder kräftig: 1996 wurde gesamtdeutsch mit 187 Mio. Tonnen nur 67% der Fördermenge von 1991 produziert[63].

Der weitaus größte Teil dieses Rückgangs ist auf den anhaltenden Strukturwandel in den fünf neuen Ländern zurückzuführen: 1991 entfielen mit fast 170 Mio. Tonnen noch mehr als die Hälfte der Braunkohlenförderung auf die ostdeutschen Reviere. Bis 1996 sank die Förderung im Osten allerdings auf 80 Mio. Tonnen; damit betrug die ostdeutsche Förderung nur noch 43% der gesamtdeutschen Braunkohlenförderung[64].

[60] vgl. [STATISTISCHES BUNDESAMT96A], Tabelle 9.11, S. 214.
[61] vgl. [STATISTIK DER KOHLENWIRTSCHAFT97], Tabelle S. 6.
[62] vgl. [STATISTIK DER KOHLENWIRTSCHAFT94], Tabelle S. 46.
[63] vgl. [STATISTIK DER KOHLENWIRTSCHAFT97], Tabelle S. 46.
[64] vgl. [STATISTIK DER KOHLENWIRTSCHAFT97], Tabelle S. 46.

4.3 Die Wirtschaftliche Bedeutung des Bergbaus

Die wirtschaftliche Bedeutung des Bergbaus hat in den letzten Jahrzehnten stetig abgenommen. Hatte er 1960 noch einen Anteil von über 3% an der Bruttowertschöpfung aller Wirtschaftsbereiche zu Preisen von 1991, so betrug dieser Anteil 1994 nur noch 0,4%. Der Anteil der Nettowertschöpfung zu Faktorkosten sank zwischen 1970 (dem ersten Jahr der Erhebung) und 1994 von 1,3% auf 0,8%[65]. Kein anderer Wirtschaftszweig hat einen so drastischen wirtschaftlichen Einbruch verkraften müssen.

Zudem konnte der Bergbau nie von gesamtwirtschaftlichen Erholungen im gleichen Ausmaß wie die anderen Wirtschaftsbereiche profitieren. Während sich im produzierenden Gewerbe die Bruttowertschöpfung nach Rezessionen in der Regel rasch erholte und in den Folgejahren weiter anstieg, hat sich die Bruttowertschöpfung im Bergbau nach kurzen Erholungsphasen weiter verschlechtert. Dabei zeigt der Trend seit Anfang der sechziger Jahre beinahe stetig nach unten. Zwischen 1960 und 1994 nahm die Bruttowertschöpfung im Bergbau um fast 63% ab. Zum Vergleich: Im angegebenen Zeitraum stieg die Bruttowertschöpfung im gesamten Produzierenden Gewerbe um 122% an[66].

4.3.1 Die Beschäftigtenzahlen

Diese Entwicklung hatte einen entscheidenden Einfluß auf die Beschäftigung im **gesamten Bergbau**: Seit 1960 hat die Beschäftigung beinahe stetig abgenommen. Zwischen 1960 und 1996 ist sie um 73% gesunken; arbeiteten 1960 noch 8% aller Beschäftigten des Verarbeitenden Gewerbes im Bergbau, so betrug dieser Anteil 1996 nur noch 3%. Zwar kam es durch die Wiedervereinigung im Bergbau zu einem Beschäftigungszuwachs von 22% (von 137.000 1994 auf 185.000 im Jahr 1995), bis 1996 sind die Beschäftigungszahlen aber wieder auf 167.000 gesunken[67].

In Abbildung 12 sind zwei Beschäftigungskurven für den Bergbau eingezeichnet: „Bergbaubeschäftigte i.S.d. des Statistischen Bundesamtes/SVR“ und „Bergbaubeschäftigte i.S.d. knRV“. Diese Unterscheidung beruht auf der in Abschnitt 4.1 dargestellten unterschiedlichen Datenerhebungsmethoden. Die langfristige Entwicklung der Beschäftigungszahlen im Stein- und im Braunkohlenbergbau ist nur basierend auf den Daten des Statistischen Bundesamtes darstellbar.

Von den 167.000 Beschäftigten des Bergbaus i.S.d. Statistischen Bundesamtes (zum Vergleich: 205.005 i.S.d. knRV) waren 1996 117.800 (147.039) oder 71% (72%) im **Kohlenbergbau** angestellt, der Rest verteilte sich auf die Bereiche „Gewinnung von Steine und

[65] vgl. [STATISTISCHES BUNDESAMT96B].

[66] vgl. [SVR93], Tabelle 26, S. 328; [STATISTISCHES BUNDESAMT96A], Tabelle 24.5, S. 647; [STATISTISCHES BUNDESAMT96B] und eigenen Berechnungen.

[67] vgl. [SVR96], Tabelle 52, S. 402; [STATISTISCHES BUNDESAMT97], Tabelle 2, S. 7. Leider berechnet der SVR erst seit 1995 die Beschäftigungszahlen für Gesamtdeutschland.

Abbildung 12: Beschäftigte im Verarbeitenden Gewerbe und im Bergbau

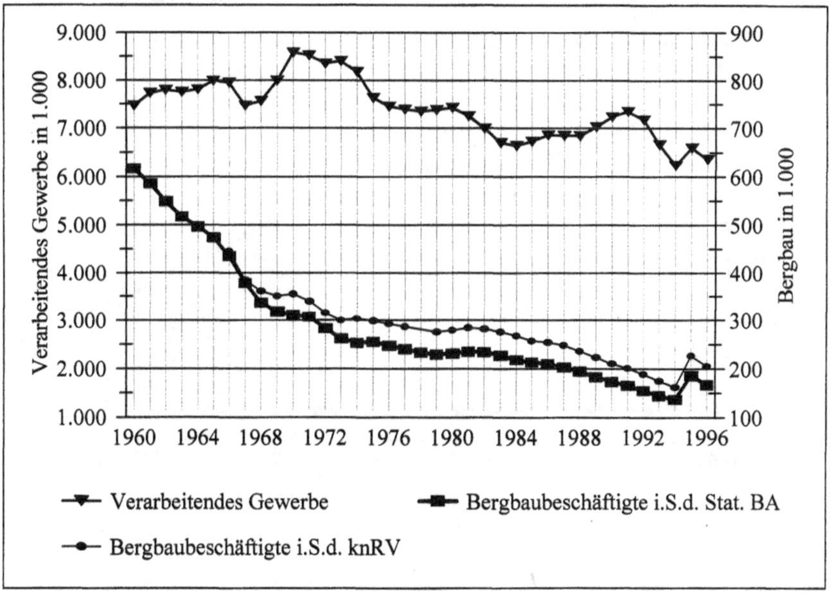

Erden“ bzw. „Gewinnung von Erdöl und Erdgas“. In Abbildung 13 ist die Beschäftigungsentwicklung im Stein- und Braunkohlenbereich sowohl in Gesamt- als auch in West- und Ostdeutschland zu erkennen[68].

Auffällig ist der Einfluß, den die Wiedervereinigung auf die Beschäftigtenzahlen im Braunkohlenbergbau hatte: Von 1990 auf 1991 hat sich die Beschäftigung von 17.500 auf 97.200 Arbeitnehmer mehr als vervierfacht. Seither nahmen die gesamtdeutschen Beschäftigten auf ein Drittel dieser Menge ab.

Aus Abbildung 13 ist auch zu erkennen, daß der Rückgang der gesamtdeutschen Beschäftigung im Braunkohlenbergbau hauptsächlich auf die Abnahme der Beschäftigten in den neuen Ländern zurückzuführen ist: Während die Beschäftigtenzahlen im Westen lediglich um durchschnittlich 5% zurückgingen, sanken sie in den fünf neuen Ländern um durchschnittlich 25% pro Jahr[69]. Diese Entwicklung deckt sich mit der in Abbildung 11 dargestellten Abnahme der Fördermengen von Braunkohle.

[68][Statistik der Kohlenwirtschaft97], S. 24 und 52; [SVR96], Tabelle 52, S. 402.
[69]vgl. [Statistik der Kohlenwirtschaft97], S. 24 und 52.

Abbildung 13: Beschäftigte im Kohlenbergbau

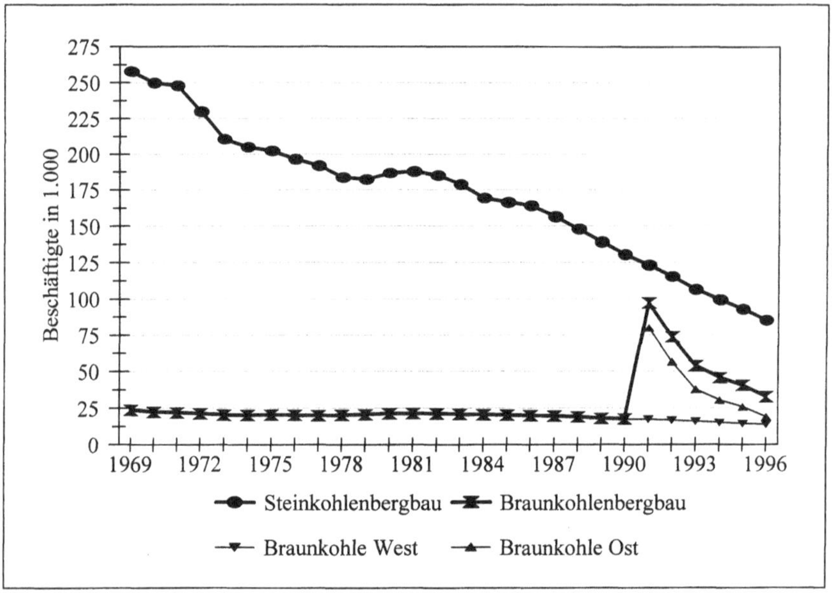

4.3.2 Absatzmärkte und Primärenergieverbrauch von Stein- und Braunkohlen

Die Wiedervereinigung hatte auch einen großen Einfluß auf die Anteile der einzelnen Energieträger am **Primärenergieverbrauch** in Deutschland: Abbildung 14 zeigt, daß sich Braunkohle von 1989 auf 1990 zum zweitgrößten Energieträger nach Mineralöl entwickelte. Allerdings hat sich das seither geändert: 1996 lag Braunkohle mit einem Anteil von knapp 12% nur noch an fünfter Stelle hinter Mineralöl (40%), Erdgas (22%), Steinkohle (14%) und Kernenergie (12%). 1996 trugen die Kohlen (Stein- und Braunkohlen) damit noch insgesamt 26% zum Primärenergieverbrauch bei. Das stellte sich 1957 noch ganz anders dar: damals dominierten Erzeugnisse des Kohlenbergbaus mit 85% (Steinkohle 70%, Braunkohle 15%). Erst ab 1970 überstieg der Anteil des Mineralöls den der Stein- und der Braunkohle[70].

Die **Absatzmärkte** der Steinkohlenerzeugnisse haben sich im Verlauf der letzten Jahrzehnte verändert: 1969 gingen 27% der Förderung in den Export, während 22% an die Kraftwerke und 22% an die Stahlindustrie verkauft wurden. Darüber hinaus flossen 14%

[70] vgl. [GESAMTVERBAND STEINKOHLE96] Tabelle „Primärenergieverbrauch in Deutschland"; [STATISTIK DER KOHLENWIRTSCHAFT97], S. 57; eigene Berechnungen.

Abbildung 14: Anteile der Energieträger am Primärenergieverbrauch

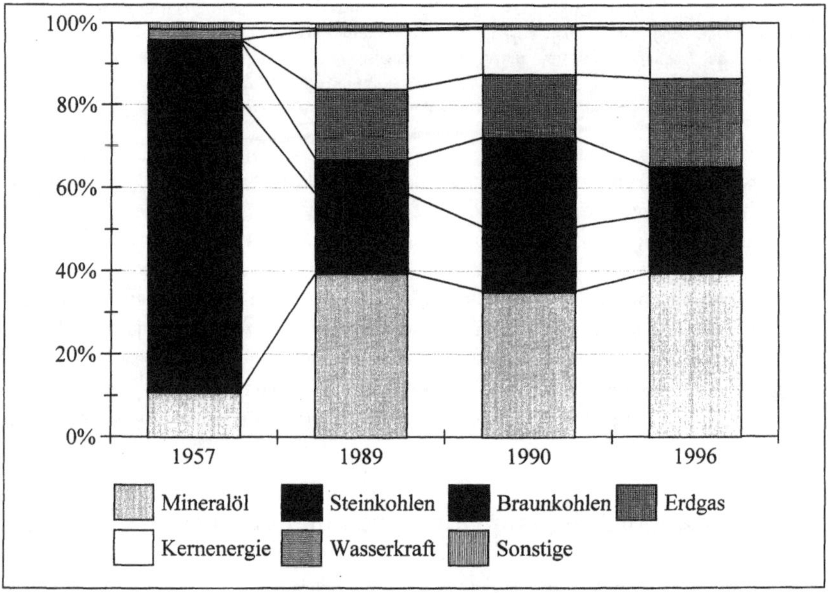

in den Hausbrand, den Kleinverbrauch bzw. an das Militär[71]

Abbildung 15 zeigt, daß diese Anteile 1996 anders aussahen: in diesem Jahr wurden 98% der Förderung im Inland abgesetzt: 71% flossen an die Kraftwerke, 24% an die Stahlindustrie. Der Absatzmarkt Hausbrand u.ä. spielte mit einem Anteil von 2% nur noch eine vernachlässigbare Rolle[72].

Auch die Absatzmärkte für Braunkohle haben sich im Zeitablauf geändert: Von den 1996 geförderten 187 Mio. Tonnen wurden 16% in Brikettfabriken, Kokereien, eigenen Kraftwerken u.ä. eingesetzt. 1969 belief sich dieser Anteil noch auf 28%. Für den Inlandsabsatz standen 1996 noch 114 Mio. Tonnen zur Verfügung, 1969 77 Mio. Tonnen. 1996 floß mit 99% fast der gesamte Inlandsabsatz in die Elektrizitätskraftwerke. 1969 betrug dieser Anteil 93%, der Rest ging an das sonstige produzierende Gewerbe[73].

---

[71]vgl. [Statistik der Kohlenwirtschaft79], S. 22ff.

[72]vgl. [Statistik der Kohlenwirtschaft97], S. 7.

[73]vgl. [Statistik der Kohlenwirtschaft79], [Statistik der Kohlenwirtschaft94], S. 48, [Statistik der Kohlenwirtschaft97], S. 48.

Abbildung 15: Absatzmärkte von Steinkohlenerzeugnissen

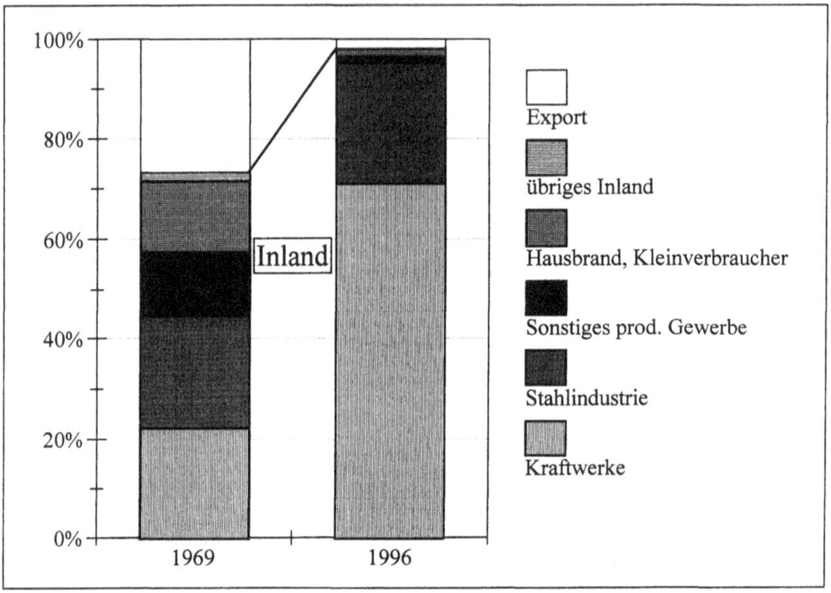

4.4 Die Subventionen an den Steinkohlenbergbau als Reaktion auf den Strukturwandel

Die abnehmende wirtschaftliche Bedeutung des Sektors Bergbau ist hauptsächlich auf die Schrumpfung des Steinkohlenbereiches zurückzuführen. Trotz anhaltenden technischen Fortschritts besonders unter Tage[74] und steigender Arbeitsproduktivität der Bergleute in Folge vermehrten Einsatzes von Maschinen[75] sind die Kosten des Abbaus von deutscher Steinkohle im internationalen Vergleich zu hoch. Deutsche Steinkohle kann deshalb nicht zu wettbewerbsfähigen Preisen angeboten werden. Zum Vergleich: 1995 betrug der durchschnittliche Einfuhrpreis für eine Tonne Steinkohle 76,46 DM; am billigsten war dabei Steinkohle aus Südafrika mit 66,41 DM, am teuersten Steinkohle aus EU-Ländern mit 146 DM[76]. Der Durchschnittspreis der Ruhrkohle betrug im selben Jahr dagegen 313 DM[77].

[74] So erfolgt beispielsweise sowohl der Strebausbau als auch die Gewinnung der Steinkohle heute zu 100% vollmechanisch; vgl. [RUHRKOHLEAG94A], S. 48.

[75] Zwischen 1974 und 1996 hat die Schichtleistung pro Mann im Steinkohlenbergbau unter Tage um 44% zugenommen, die Beschäftigung wurde gleichzeitig jedoch um 60% abgebaut; vgl. [STATISTIK DER KOHLENWIRTSCHAFT94] und [STATISTIK DER KOHLENWIRTSCHAFT97], S. 32.

[76] vgl. [STATISTIK DER KOHLENWIRTSCHAFT97], Tabelle S. 20.

[77] vgl. [STATISTISCHES BUNDESAMT96A], Tabelle 23.8, S. 612.

Auf diese Entwicklung wird seit mehreren Jahrzehnten mit Bundes- und Ländersubventionen vornehmlich an den Steinkohlenbergbau reagiert[78]. Diese Subventionierung, im politischen Sprachgebrauch auch als „Kohlenpolitik" bezeichnet, wird mit den Argumenten der Arbeitsplatzsicherung und der Versorgungssicherheit im Energiesektor begründet[79].

1996 zahlte alleine der Bund 9,9 Mrd. DM an Gesamtsubventionen (Finanzhilfen und Steuervergünstigungen in der Abgrenzung der Subventionsberichte) an den Steinkohlenbergbau[80]. Dazu kamen noch 1 Mrd. DM, die das Land Nordrhein-Westfalen aufzubringen hatte[81].

Die Entwicklung der Steinkohlensubventionen läßt sich besonders deutlich am in Abbildung 16 dargestellten Verlauf der Steinkohlensubventionen je Beschäftigten im Steinkohlenbergbau ablesen[82].

Abbildung 16: Steinkohlensubventionen je Beschäftigten im Steinkohlenbergbau

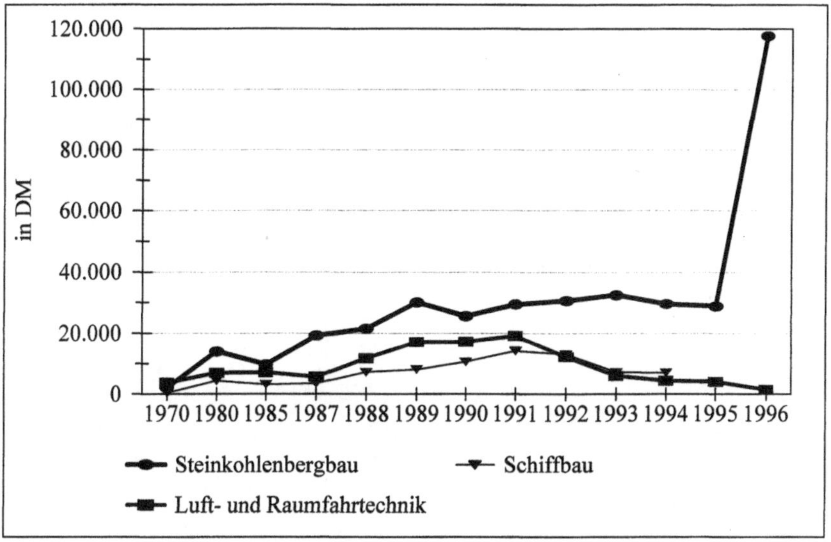

Auffallend ist der starke Anstieg der Subventionen je Beschäftigten von 1995 auf 1996. Dies kommt dadurch zustande, daß seit 1996 die Verstromungshilfen nicht mehr über den sog.

[78] Die Kokskohlenbeihilfe existiert z.B. seit 1967; vgl. [DEUTSCHER BUNDESTAG97A], S. 89.

[79] vgl. [MATTHIES88], S. 609; [GESAMTVERBAND STEINKOHLE91], S. 4; [STORCHMANN/WIENERT92], S. 203; [SVR93], S. 233; [RUHRKOHLEAG93], S. 6; [DEUTSCHER BUNDESTAG93B], S. 32 und [REXRODT94], S. 7.

[80] vgl. [DEUTSCHER BUNDESTAG97A], Übersicht I, S. 6.

[81] vgl. [FINANZMINISTERIUM NRW96], S. 73ff.

[82] vgl. [DEUTSCHER BUNDESTAG95], [DEUTSCHER BUNDESTAG97A], [STATISTISCHES BUNDESAMT97], verschiedene Tabellen, eigene Berechnungen.

Kohlepfennig, sondern über den Bund aufgebracht werden müssen. Seither müssen diese Mittel auch im Subventionsbericht als Finanzhilfe für den Steinkohlenbergbau aufgeführt werden[83]. Dadurch sind die Bergbausubventionen des Bundes zwischen 1995 und 1996 von 2,6 Mrd. DM auf 9,9 Mrd. DM gestiegen.

Damit stieg der Steinkohlenbergbau innerhalb eines Jahres vom fünften Platz der bedeutendsten Subventionsempfänger auf den ersten Platz auf[84]. 1996 erhielt der Steinkohlenbergbau auch die mit Abstand höchste Einzelsubvention, nämlich die Verstromungshilfen mit 7,8 Mrd. DM[85].

Zwar ist bis 1998 ein Rückgang der Bundessubventionen um 11% auf 8,8 Mrd. DM geplant[86]. Eine deutliche Trendwende bei der Subventionierung ist daraus jedoch nicht zu erkennen. Solange nicht an eine endgültige Aufgabe des Steinkohlenbergbaus gedacht wird, werden die Bundes- und Ländersubventionen weiter gezahlt werden müssen.

[83] In Deutschland existieren noch weitere Subventionsabgrenzungen, die diese Verstromungshilfen schon immer zu den Bergbausubventionen gerechnet haben; vgl. dazu im einzelnen Abschnitt 10.1.5.

[84] vgl. [DEUTSCHER BUNDESTAG95], Übersicht 1, S. 6.

[85] vgl. [DEUTSCHER BUNDESTAG97A], Übersicht 4, S. 17.

[86] vgl. [DEUTSCHER BUNDESTAG97A], Übersicht 1, S. 6. Nordrhein-Westfalen plant lediglich einen Rückgang um 1%; vgl. [FINANZMINISTERIUM NRW96], S. 43ff.

5 Zusammenfassung und Entwicklungsperspektiven

Die zukünftigen Entwicklungstendenzen im Bergbau, insbesondere im Kohlenbergbau, sind zwiespältig: Während sich nach abgeschlossenen wirtschaftlichen Anpassungsprozessen in den fünf neuen Ländern der gesamtdeutsche Braunkohlenbergbau zu einem wettbewerbsfähigen Energieträger entwickeln wird, sind die Prognosen für den Steinkohlenbergbau sehr ungünstig: Selbst bei steigenden Preisen anderer Energieträger, dürfte Steinkohle in Deutschland auf absehbare Zeit nicht wettbewerbsfähig abzubauen sein. Solange ein Fortbestehen des Steinkohlenbergbaus in Deutschland politisch gewünscht wird, sind umfangreiche Subventionen zur Erhaltung der Zechen notwendig. Bisher ist zwar eine Rückführung der Steinkohlensubventionen bis zum Jahr 2005 geplant, an eine vollständige Aufgabe wird aber nicht gedacht.

Ebensowenig ist (derzeit) an die Aufgabe der KnV gedacht. Die KnV ist ein einzigartiges Konstrukt innerhalb des deutschen Sozialversicherungssystems. Sie hat als ältester Zweig dieser Sozialversicherung eine wechselvolle Geschichte hinter sich, die immer der Entwicklung im Bergbau folgte: In den Zeiten eines ständig steigenden Energiebedarfs, der vornehmlich aus Kohle zu decken war, hat sich das Selbstverständnis der KnV entwickelt, das ihre Existenz bisher auch in Zeiten eines schrumpfenden deutschen Bergbaus sichert.

Dennoch wird es für die KnV im Allgemeinen und die knRV im Besonderen immer schwieriger, Gründe für eine Existenzberechtigung zu finden: Die stetig sinkenden Beschäftigtenzahlen besonders im deutschen Steinkohlenbergbau im Verlauf der letzten Jahrzehnte führten zu einem kontinuierlichen Rückgang der Versichertenzahlen. Diese Entwicklung konnte durch die Wiedervereinigung zwar zeitweise aufgehalten werden, umgekehrt hat sie sich jedoch nicht.

Sichtbares Zeichen dieser Entwicklung sind die verzerrten Einnahmenstrukturen: In der knRV-West sind die Beitragseinnahmen beinahe zu einer vernachlässigbaren Größe geworden, während die Rentenausgaben stetig steigen. Im nächsten Abschnitt wird dargestellt, daß auf eine so geartete Datenkonstellation bei einer nach dem Umlageverfahren finanzierten Sozialversicherung im Grunde nur auf zwei Arten reagiert werden kann: Entweder die Beiträge steigen deutlich an oder der Fehlbetrag wird wie bei der knRV durch einen Bundeszuschuß finanziert.

Im Verlauf der Entwicklungsgeschichte der KnV haben sich besonders für die knRV umfangreiche Sonderregelungen herausgebildet, um der gesundheitlichen Belastung im Bergbau Rechnung zu tragen. Eine Kenntnis dieser Sonderregelungen ist zu einem Verständnis der knRV unerläßlich. Diese Verständnis ist wiederum die Voraussetzung zur Klärung der Frage, ob der hohe Bundeszuschuß zur knRV bestehende Verzerrungen ausgleicht oder ob er die Ursache solcher Verzerrungen ist. Letztendlich kann die Frage nach einer Subventionierung des Bergbaus über die knRV nur beantwortet werden, wenn die knRV in ihrer Gesamtheit verstanden wird.

Teil II

Die knRV und die RV der Arbeiter und Angestellten im Vergleich

Nach der Bestandsaufnahme in Teil I dieser Arbeit steht in den folgenden Abschnitten eine eingehende Analyse der knRV im Vergleich mit der Rentenversicherung (RV) der Arbeiter und Angestellten im Vordergrund. Als eigenständiger Zweig der Gesetzlichen Rentenversicherung (GRV) steht die knRV gleichrangig neben der RV für Arbeiter und Angestellte.

Im Falle der knRV existieren jedoch beträchtliche gesetzliche Sonderregelungen, die eine herausgehobene Stellung dieses Rentenversicherungszweiges begründen. Diese Sonderstellung findet Ausdruck in der Fülle von Sonderbestimmungen im SGB VI: Über 40 Paragraphen beschäftigen sich ausschließlich mit der knRV oder beinhalten Sonderbestimmungen für die Knappschaftsversicherten. Sie erstrecken sich auf die Bereiche Versichertenkreis, Leistungsumfang, Rentenhöhe und Finanzierung.

Wie schon gesagt: Die wichtigste Besonderheit der knRV ist ihre Konzentration auf eine einzige Branche, den Bergbau. Die Auswirkungen dieser Konstruktion im Zusammenhang mit dem beschriebenen Strukturwandel in der Branche wird im folgenden Abschnitt 6 diskutiert.

Die spätere Analyse, ob im Bundeszuschuß zur knRV ein Subventionsanteil enthalten ist, der den Bergbau begünstigt, basiert auf einer detaillierten Abgrenzung der Einzelbestimmungen für die knRV und die RV der Arbeiter und Angestellten. Die RV der Arbeiter und Angestellten dient hierbei als Referenzmodell. Auf der Grundlage dieses Referenzmodells diskutiert der Abschnitt 7 die jeweiligen Einzel- und Sonderbestimmungen für die knRV. Dabei ist die Gegenüberstellung der Bundeszuschüsse zur knRV und zur RV der Arbeiter und Angestellten besonders wichtig.

Der Abschnitt 7 beschränkt sich ausschließlich auf die knRV in den alten Ländern. Eine getrennte Behandlung der knRV-West und der knRV-Ost bzgl. der gesetzlichen Regelungen ist notwendig, da es sich gegenwärtig bei der knRV-West und der knRV-Ost noch um getrennte Organisationseinheiten handelt. Für die knRV-Ost bestehen noch zusätzliche Sonderregelungen und Übergangsbestimmungen im Rentenrecht. Diese werden in einem Exkurs Abschnitt 8 ebenso wie die Auswirkungen des anhaltenden Stroms von Aussiedlern behandelt.

Die Abschnitte 3 und 4 haben zwar gezeigt, daß die Anpassungsvorgänge in der knRV-Ost noch nicht abgeschlossen sind. Dennoch wird besonders in Abschnitt 6.3 der Einfluß der Wiedervereinigung auf einige Problembereiche der knRV aufgezeigt. Über eine etwaige Subventionierung des ostdeutschen Bergbaus über den Umweg des Bundeszuschusses zur knRV-Ost kann allerdings auf Grund der bisherigen Entwicklung noch keine eindeutige

Aussage gemacht werden, da die Entwicklung in den fünf neuen Ländern noch nicht abgeschlossen scheint.

6 Die Auswirkungen des Branchenbezugs auf die knRV

Die einzelnen Bestandteile des knappschaftlichen Verbundsystems[87] sind als Sozialversicherung organisiert. Als Finanzierungsprinzipien für eine Sozialversicherung existieren zwei Verfahren, nämlich das **Umlageverfahren (UV)** und das **Kapitaldeckungsverfahren (KDV)**.

Als Grundlage erfolgt in Abschnitt 6.1 eine partialanalytische Behandlung dieser Finanzierungsverfahren. Obwohl diese Verfahren auf einen beliebigen Teil der Sozialversicherung angewandt werden können, beschränkt sich die Analyse der Abschnitte 6.1 und 6.2 auf eine Altersversicherung.

In den Abschnitten 6.3 und 6.4. wird basierend auf den grundlegenden Modellen auf die besondere Situation der knRV eingegangen, die durch die Branchenkonzentration in Verbindung mit der Finanzierung nach dem Umlageverfahren entsteht.

6.1 Theoretische Grundlagen: Das Umlage- und das Kapitaldeckungsverfahren bei nicht branchenbezogenen Versicherungen

6.1.1 Das Grundprinzip

Das folgende Grundkonzept[88] beruht auf dem Modell der „overlapping generations". In jeder Periode t existiert eine Gesamtbevölkerung N, die sich aufteilt auf N_t^1 Erwerbstätige und N_t^2 Rentner. Die „overlapping generations" entstehen dadurch, daß jedes Mitglied dieser Bevölkerung N über beide Perioden lebt, also in Periode t zur Generation N_t^1 gehört und in Periode $t+1$ zur Generation N_{t+1}^2. Beide Perioden sind gleich lang und es ergibt sich $N_t^1 = N_{t+1}^2$. Die Zahl der Erwerbstätigen wächst mit der Rate

$$(1) \quad n_t := \frac{N_t^1 - N_{t-1}^1}{N_{t-1}^1}$$

Die Reallöhne L_t folgen der Wachstumsrate

$$(2) \quad l_t := \frac{w_t - w_{t-1}}{w_{t-1}}$$

[87] vgl. Abschnitt 2.2.

[88] vgl. [BREYER90A], S. 15ff; [HOMBURG87], S. 15ff.

Ferner existiert ein Realzins r_t, über dessen Verhalten über die Zeit an dieser Stelle nichts ausgesagt wird.

Das Individuum arbeitet nur in Periode t und erhält dafür ein Einkommen in Höhe des Lohnsatzes w_t. In Periode t muß es auch einen Beitrag zur Rentenversicherung b_t aus seinem Einkommen entrichten, wobei diese Rentenversicherung eine Zwangsversicherung ist. Von weiteren Sparmotiven wird abgesehen. Der Konsum dieser Periode ergibt sich damit als

$$(3) \quad C_t^1 = w_t(1 - b_t)$$

In Periode $t+1$ erhält das Individuum eine Rente R_{t+1}. Damit errechnet sich sein Konsum dieser Periode als

$$(4) \quad C_{t+1}^2 = R_{t+1}$$

Damit ergeben sich für einen Rentenversicherer unabhängig vom Versicherungsverfahren die Einnahmen E_t als

$$(5) \quad E_t = N_t^1 \cdot w_t \cdot b_t$$

und die Ausgaben A_t als

$$(6) \quad A_t = N_t^2 \cdot R_t$$

Mit Hilfe dieses analytischen Rahmens können nun die Wirkungsweisen der unterschiedlichen Finanzierungsverfahren analysiert werden.

6.1.2 Das Umlageverfahren

Beim UV werden alle laufenden Renten aus den Beiträgen der gegenwärtigen Erwerbstätigengeneration finanziert. Eine Akkumulation von Kapital erfolgt somit nicht. Als grundlegende Beziehung ergibt sich für jede Periode t

$$(7) \quad A_t = E_t$$

Durch Einsetzen der Gleichungen (5) und (6) ergibt sich als Rente für ein in $t-1$ erwerbstätiges Individuum

$$(8) \quad R_t = \frac{N_t^1 w_t b_t}{N_t^2}$$

In Verbindung mit (1) und der Identität $N_{t-1}^1 = N_t^2$ wird (8) zu

(9) $R_t = (1 + n_t)w_t b_t$

Die Höhe der Rente richtet sich also nach der Wachstumsrate der Erwerbstätigen, dem Reallohn und dem Beitragssatz. Aus (9) ergibt sich als Gleichung für das Renten**niveau**

(10) $\dfrac{R_t}{w_t} = (1 + n_t)b_t = Q_t$

Das UV in der Bundesrepublik basiert weitgehend auf der Politik des konstanten Rentenniveaus. Damit wird (10) zu

(11) $Q = (1 + n_t)b_t$

Unter der Annahme, daß n_t exogen gegeben ist, ist nur noch der Beitragssatz b_t beeinflußbar:

(12) $b_t = \dfrac{Q}{1 + n_t}$

(12) gibt somit einen grundlegenden Zusammenhang wieder: **Der Beitragssatz im UV hängt unmittelbar von der Wachstumsrate der Erwerbstätigen und damit mittelbar von der Wachstumsrate der Bevölkerung ab**. Nimmt diese Wachstumsrate zu, so sinkt b_t bei konstantem Rentenniveau. Sinkt n_t jedoch, so muß b_t steigen. Nachdem b_t aber in der Praxis nicht in beliebige Höhen steigen kann, ergibt sich daraus zwangsläufig ein maximaler Beitragssatz. Ebenso darf n_t nicht beliebig sinken, um die Funktionsweise des Systems nicht zu gefährden.

In statischer Betrachtungsweise ergibt sich ein noch eindringlicherer Zusammenhang[89]. Gleichung (5) wird umgewandelt in

(13) $E_t = B = b \cdot W_{br} \cdot N_t^1$

In diesem Fall finanziert sich die Rentenversicherung zu einem bestimmten Zeitpunkt nur durch Beitragseinnahmen B. Diese setzen sich zusammen aus den Beitragssätzen b, die von den aktiv Erwerbstätigen N_t^1 aus ihren Bruttolohnsummen W_{br} bezahlt werden. Gleichung (6) wird umgewandelt in

(14) $A_t = RA = N_t^2 \cdot R$

Die Ausgaben der Sozialversicherung umfassen also ausschließlich die Rentenausgaben RA zu einem bestimmten Zeitpunkt, die sich berechnen lassen aus den Durchschnittsrenten R, die an die Rentenbezieher N_t^2 gezahlt werden.

[89] vgl. z.B. [SCHMÄHL86], S. 192ff.

Durch Einsetzen der Gleichungen (13) und (14) in Gleichung (7) ergibt sich als Ausdruck für den Beitragssatz b

$$(15)\quad b = \frac{N_t^2}{N_t^1}\frac{R}{W_{br}}$$

$\frac{N_t^2}{N_t^1}$ wird als sog. **Rentnerquotient** bezeichnet, also dem Verhältnis der Rentenempfänger zu den aktiv versicherten Beitragszahlern. $\frac{R}{W_{br}}$ bezeichnet das **Rentenniveau**, also das Verhältnis zwischen der Höhe der Renten und dem Lohnniveau.

Legt man auch hier die Forderung nach dem konstanten Rentenniveau zugrunde, so ist der Beitragssatz einzig eine Funktion des Rentnerquotienten. Nimmt die Zahl der Rentner im Vergleich zu den Beitragszahlern zu, so muß der Beitragssatz steigen, um Einnahmen und Ausgaben der Versicherung auszugleichen und vice versa.

6.1.3 Das Kapitaldeckungsverfahren

Das KDV ist ein individualisiertes Verfahren: Jeder Versicherte zahlt während seines Erwerbslebens Beiträge ein, die vom Rentenversicherer angelegt werden und die sich auf diesem Weg verzinsen. Im Rentenalter wird der dadurch angesammelte Kapitalstock dann aufgezehrt. Damit ergibt sich folgender Grundzusammenhang:

$$(16)\quad A_t = (1 + r_{t-1})E_{t-1}$$

Unter Zugrundelegung der Identität $N_{t-1}^1 = N_t^2$ ergibt sich als Rente

$$(17)\quad R_t = (1 + r_{t-1})w_{t-1}b_{t-1}$$

Ein Vergleich mit Gleichung (9) macht zwei grundlegende Unterschiede zwischen KDV und UV deutlich: Zum einen hängt die Rentenhöhe im KDV nicht von gegenwärtigen, sondern von vergangenen Größen ab, zum zweiten wird sie beeinflußt vom Zinssatz der vergangenen Periode. Die Wachstumsrate der Erwerbstätigen bzw. das Bevölkerungswachstum spielt keine Rolle.

Unter der Voraussetzung eines konstanten Beitragssatzes, also $b_{t-1} = b_t = b$ ergibt sich für das Rentenniveau

$$(18)\quad Q_t = \frac{R_t}{w_t} = \frac{1 + r_{t-1}}{1 + l_t}b$$

Während der Zinssatz der letzen Periode das Rentenniveau positiv beeinflußt, hat die Wachstumsrate der Lohnsätze einen negativen Einfluß: Gegenwärtig steigende Reallöhne senken die Höhe der Rente relativ zum Reallohn, damit nimmt das Rentenniveau ab.

Ein etwas anderes Bild ergibt sich bei einem konstanten Rentenniveau: Umformung von (18) und Auflösen nach dem Beitragssatz ergibt analog (12)

$$(19)\quad b_t = \frac{1 + l_{t+1}}{1 + r_t} Q$$

Ein steigender Zinssatz hat erwartungsgemäß einen negativen Einfluß auf b_t. Die Wachstumsrate der Lohnsätze geht allerdings mit *zukünftigen* Größen in (19) ein. Beitragssätze können also nur unter Zugrundelegung angenommener Lohnveränderungen bestimmt werden.

Zusammenfassend läßt sich hiermit festhalten: **Im UV spielt die Wachstumsrate der Erwerbstätigen bzw. der Bevölkerung eine entscheidende Rolle. Im KDV wird diese Rolle vom Realzins übernommen, das Wachstum der Erwerbstätigen hat keinen Einfluß mehr auf Rentenniveau oder Beitragssatz.**

Im nächsten Abschnitt werden die beiden Finanzierungsverfahren im Falle einer Versicherung dargestellt, die sich auf eine Wirtschaftsbranche konzentriert.

6.2 Umlage- und Kapitaldeckungsverfahren bei einer branchenbezogenen Versicherung

Auch bei einer branchenbezogenen Rentenversicherung, die nach dem Umlageverfahren organisiert ist, gilt Gleichung (7), also Gleichheit von Beitragseinnahmen und Rentenzahlungen in jeder Periode als grundlegende Beziehung. Unterschiede ergeben sich allerdings in der Zusammensetzung der Einnahmen und der Ausgaben: Eine branchenbezogene Versicherung bezieht sich definitionsgemäß nur auf die Erwerbstätigen dieser Branche, nicht auf die Gesamtheit der Erwerbspersonen. Eingezahlt wird also nur von einem Bruchteil Br_t^1 der Erwerbstätigen N_t^1 und Rente bezogen wird nur von einem Bruchteil Br_t^2 der Rentenbezieher N_t^2. Als Rente für die Versicherten der Branche R_t^{Br} ergibt sich damit

$$(20)\quad R_t^{Br} = \frac{Br_1^t w_t b_t^{Br}}{Br_t^2}$$

Unter der Annahme, daß sich der gesamtwirtschaftliche Lohnsatz und der branchenbezogene Lohnsatz entsprechen, ergibt sich analog zu (9)

$$(21)\quad R_t^{Br} = (1 + \beta_t) w_t b_t^{Br} \qquad \text{mit} \qquad \beta := \frac{Br_t^1 - Br_{t-1}^1}{Br_{t-1}^1}$$

Unter Zugrundelegung eines konstanten Rentenniveaus $Q_{Br} = \frac{R_t^{Br}}{w_t} = Q$ wird (12) zu

$$(22)\quad b_t^{Br} = \frac{Q}{1 + \beta_t}$$

Die branchenbezogene Rente hängt damit nicht mehr direkt mit der Wachstumsrate der Erwerbstätigen in der gesamten Volkswirtschaft zusammen, sondern ausschließlich mit der Wachstumsrate der Erwerbstätigen in dieser Branche.

Solange die Wachstumsrate der Erwerbstätigen in der betrachteten Branche der gesamtwirtschaftlichen Wachstumsrate entspricht, ergeben sich naturgemäß keine Unterschiede zwischen R_t und R_t^{Br}. Handelt es sich bei der betrachteten Branche allerdings um eine Branche, der es gelingt, sich vom allgemeinen Trend einer abnehmenden Erwerbstätigkeit abzukoppeln, so wird $b_t^{Br} < b_t$. Handelt es sich aber um eine strukturschwache Branche, so nehmen die Erwerbstätigen in dieser weniger stark zu (oder stärker ab) als im Rest der Wirtschaft, b_t^{Br} übersteigt also b_t.

Als Beispiele für die Existenz beider Konstellationen mögen die Softwarebranche und der Bergbau in der Bundesrepublik dienen: Während in ersterer die Beschäftigung sogar im Rezessionsjahr 1993 zunahm[90], kämpft der Bergbau nicht erst seit dem letzten Jahr mit einer langanhaltenden Strukturkrise, die zu einem massiven Abbau der Beschäftigung führte[91].

Da im Kapitaldeckungsverfahren ex definitione die Wachstumsrate der Bevölkerung oder der Erwerbstätigen der Gesamtwirtschaft oder der einzelnen Branchen keine Rolle spielt (vgl. Gleichung (19)), ergibt sich naturgemäß für die Wirkungsweise dieses Verfahrens innerhalb einer Branche kein Unterschied zum gesamtwirtschaftlichen Fall.

6.3 Die Problembereiche der KnV im Einzelnen

6.3.1 Branchenprinzip und Beschäftigung

Der Bergbau war, wie bereits in Abschnitt 4.3.1. angesprochen, während der vergangenen Jahrzehnte von einem starken Rückgang der Beschäftigung betroffen. Es ist daher anzunehmen, daß für den Bergbau der Fall $\beta < n_t$ zutrifft. Dies führte zu dem in Abbildung 2 dargestellten Rückgang der Versicherten[92] der knRV. Dieser Rückgang wurde zwar durch die Wiedervereinigung gestoppt, tendenziell ist jedoch mit einer weiteren Abnahme der Versicherten insbesondere in den fünf neuen Ländern zu rechnen.

Wie sich in Abbildung 6 andeutete, sank die Zahl der Rentenfälle nicht im selben Ausmaß wie die Zahl der Versicherten bzw. stieg sogar an. Dies führt dazu, daß der Renten**fall**quotient[93] als Verhältnis von Rentenfällen zu Versicherten nur in den alten Ländern seit

[90]vgl. HANDELSBLATT vom. 05.07.94.

[91]vgl. dazu z.B. [REHFELD91], S. 686 und Abschnitt 4.3.1.

[92]Die Bezeichnungen „Versicherte“ und „Beitragszahler“ werden im folgenden synonym verwendet.

[93]Der Renten**fall**quotient dient als Näherung des **Rentner**quotienten. Diese Näherung ist notwendig, da in den amtlichen Statistiken lediglich die Rentenfälle zur Verfügung stehen; die Anzahl der **Rentner** wird weder von der Bundesknappschaft noch anderen Stellen ermittelt. Wegen der Möglichkeit des Bezugs von Mehrfachrenten sind die Anzahl der Rentenfälle und die der Rentner nicht unbedingt identisch. Der Rentenfallquotient dürfte den Rentnerquotienten im allgemeinen übertreffen.

1981 kontinuierlich von 248:100 auf 455:100 im Jahre 1996 anstieg[94].

In Abbildung 17 ist die Entwicklung der Rentenfallquotienten (RFQ) in der knRV in Gesamtdeutschland bzw. in den alten und neuen Ländern dargestellt.

Abbildung 17: Die Rentenfallquotienten in der knRV

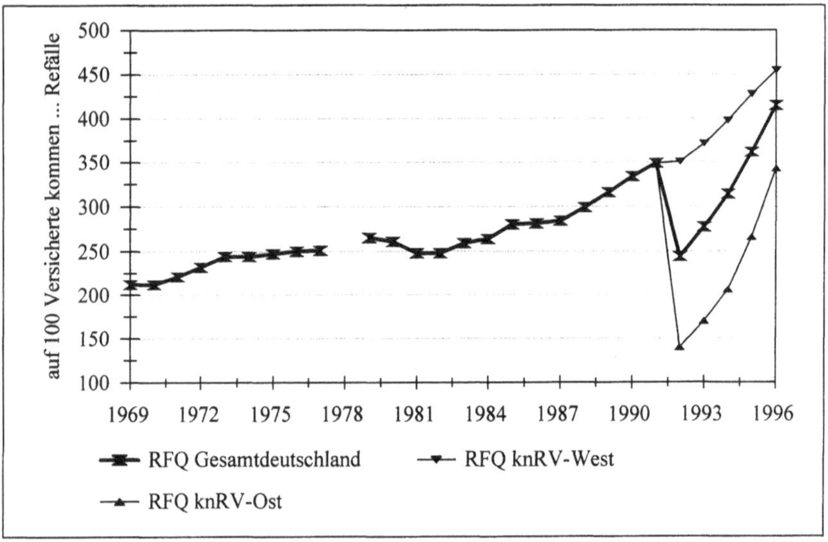

Aus Abbildung 17 geht hervor, daß die Wiedervereinigung zu einer vorübergehenden Senkung des gesamtdeutschen Rentenfallquotienten geführt hat. Seit 1992 steigt dieser auch auf Grund der starken Zunahme des Rentenfallquotienten der knRV-Ost jedoch wieder an.

Abbildung 18 zeigt, daß die Entwicklung der Rentenfallquotienten in der RV der Arbeiter und Angestellten im Zeitablauf etwas anders verlief: erstens sind die absoluten Rentenfallquotienten hier sehr viel günstiger als in der knRV und zweitens lagen die Veränderungsraten zwischen 1969 und 1996 deutlich unter denen in der knRV. Andererseits sind die Rentenfallquotienten auch hier in den letzten Jahren deutlich angestiegen, wobei die Wiedervereinigung im Gegensatz zur knRV für eine deutlichere Verschlechterung der Situation in den alten Ländern führte: Seit 1995 liegt der gesamtdeutsche Rentenfallquotient über dem der RV der Arbeiter und Angestellten im Westen. Dies ist in der knRV nicht der Fall[95].

[94] vgl. [DEUTSCHER BUNDESTAG97B], Übersicht 11 1, S. 171, [BMA80], Tabelle 149, S. 137, [BMA97B], Tabelle 96, S. 143; eigene Berechnungen.

[95] vgl. [DEUTSCHER BUNDESTAG97B], Übersicht I 1, S. 100, Übersicht I 6, S. 114; eigene Berechnungen.

Abbildung 18: Die Rentenfallquotienten in der RV der Arbeiter und Angestellten

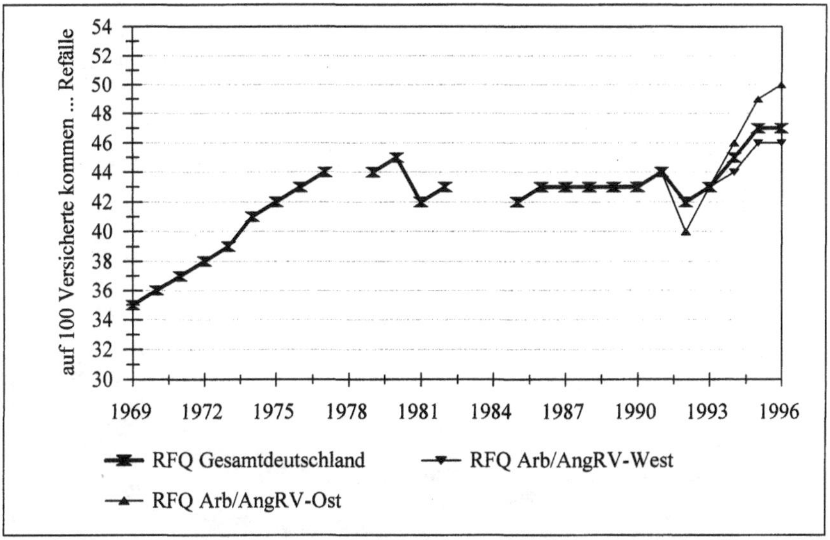

Ein Vergleich der Rentenfallquotienten in der knRV und der RV der Arbeiter und Angestellten wirft ein eindrucksvolles Licht auf die derzeitige Situation, in der sich die knRV befindet: Die Zahl der Beschäftigten im Bergbau sinkt, dadurch gehen die Versicherten zurück, während die der Rentenfälle zunimmt. Dadurch steigt der Rentenfallquotient beständig an; dies schafft einen klassischen Dilemmazustand im Zusammenhang mit einer nach dem Umlageverfahren finanzierten und branchenbezogenen Versicherung: Bei den gegenwärtigen Größenverhältnissen und unter Beibehaltung eines konstanten Rentenniveaus muß entweder der Beitragssatz entsprechend angepaßt werden oder es entsteht eine Finanzierungslücke, die von anderer Seite gedeckt werden muß.

Ersteres scheint schon im Vergleich mit der RV der Arbeiter und Angestellten nicht unbegrenzt möglich, da Beitragssatzsteigerungen hier nicht oder nur in geringem Umfang nötig wären, um Einnahmen und Ausgaben auszugleichen. Bei der knRV müßten diese Beitragssatzsteigerungen aber beträchtlich höher sein. Eine solche Politik der stark voneinander abgekoppelten Beitragssätze ist jedoch nicht durchsetzbar.

6.3.2 Beitrags- und Versicherungszeiten bei Branchenbezug

Die derzeitige Situation im Bergbau schlägt sich auch auf die Beitrags- und Versicherungszeiten in der knRV nieder: Seit 1992 entfällt der größte Anteil der Rentenneuzugänge an den Versichertenrenten auf die Altersrenten wegen Arbeitslosigkeit, 1996 belief sich dieser Anteil auf über 32%. Daß dies nicht nur auf die Wiedervereinigung zurückzuführen ist, zeigen die Zahlen für die knRV-West: auch diese Anteile liegen seit 1992 deutlich über 20%.

In Abbildung 19 ist der Anteil der Altersrenten wegen Arbeitslosigkeit an den Rentenneuzugängen bezogen auf die Versichertenrenten sowohl für die knRV als auch für die RV der Arbeiter und Angestellten dargestellt[96].

Abbildung 19: Anteil der Rentenneuzugänge der Altersrenten wegen Arbeitslosigkeit an den Versichertenrenten

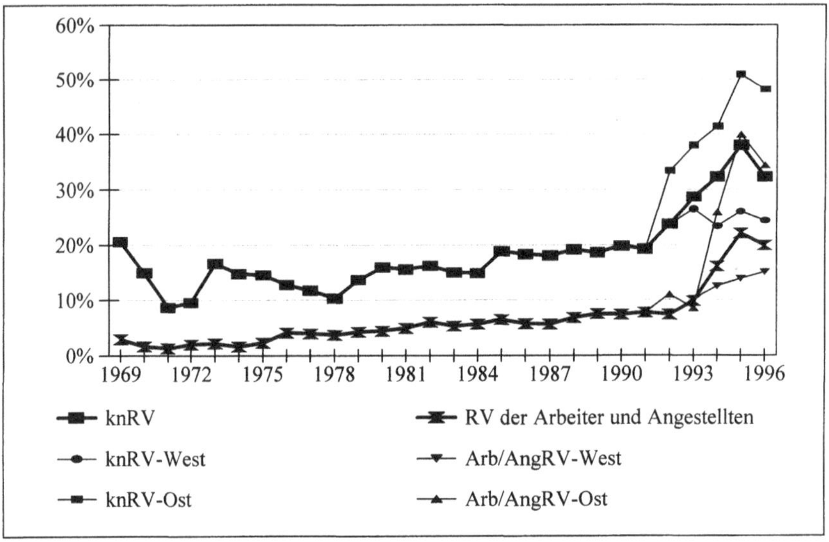

Abbildung 19 zeigt, daß die knRV seit 1969 deutlich stärker durch Rentenneuzugänge wegen Arbeitslosigkeit betroffen war als die RV der Arbeiter und Angestellten; allerdings hatte die Wiedervereinigung auf die RV der Arbeiter und Angestellten einen größeren Einfluß als auf die knRV: die Rentenneuzugänge stiegen relativ stärker an als in der knRV. Dennoch wird deutlich, daß besonders diese Art der Frühverrentung in der knRV allgemein häufiger in Anspruch genommen wird als in der RV der Arbeiter und Angestellten.

Zusätzlich entsteht durch die Branchenkonzentration ein weiterer Problemkomplex, der sich auf die Beitrags- und Rentenbezugszeiten auswirkt: Die Konzentration auf bergbauspezifische Berufe führt zu einer Häufung der bergbauspezifischen Risiken, die durch besondere gesundheitliche Belastungen entstehen. Diese Belastungen zwingen viele Bergleute dazu, früher als ihre Kollegen in anderen Branchen aus dem Beruf auszuscheiden und eine Rente zu beziehen. Besonders für die knRV bedeutet das, daß sie zusätzlich zu den

[96] vgl. [DEUTSCHER BUNDESTAG97B], Übersicht I 4, S. 106, Übersicht II 4, S. 176; eigene Berechnungen.

Belastungen durch den Beschäftigungsrückgang auch noch mit kürzeren Versicherungszeiten und längeren Rentenbezugszeiten einiger Versichertengruppen konfrontiert ist. Einige Zahlen sollen dies verdeutlichen:

- Über 50% der Rentenneuzugänge von Renten wegen verminderter Erwerbsfähigkeit entfielen in der knRV-West 1996 auf die Altersgruppen unter dem 54. Lebensjahr. In der RV der Arbeiter und Angestellten lag dieser Prozentsatz nur bei knapp 40%[97]. Die Möglichkeiten der Vorruhestands- und Erwerbs-/Berufsunfähigkeitsrentenregelungen werden von den Versicherten der knRV also früher im Arbeitsleben und in größerem Ausmaß in Anspruch genommen als in der RV der Arbeiter und Angestellten.

- Die Rentenbezugszeiten in der knRV-West lagen 1996 bei den Versichertenrenten deutlich über dem Durchschnitt der Gesetzlichen Rentenversicherung. Bezogen auf alle Versichertenrenten erhielten die männlichen Versicherten der knRV-West durchschnittlich 33 Monate länger eine Rente als im Durchschnitt der GRV[98]. Dies ist die Folge eines im Vergleich zur RV der Arbeiter und Angestellten durchschnittlich niedrigeren Zugangsalters beim Rentenbezug.

- Nicht verschwiegen werden soll jedoch, daß die in die Rentenberechnung eingehenden Beitragszeiten in der knRV (noch) länger sind als im Durchschnitt der GRV. Die Versicherten der knRV-West zahlten 1996 immerhin noch 3,6 Jahre länger in die knRV ein[99]. Dies widerspricht jedoch nicht der oben genannten These des früheren Rentenbezugs, da die längeren Beitragszeiten hauptsächlich dadurch zustande kommen, daß die Versicherten der knRV bisher in jüngeren Jahren beitraten als die Versicherten der anderen Alterssicherungszweige. Z.B. waren im Jahre 1991 lediglich 13% der Versicherten der RV der Arbeiter und Angestellten jünger als 24 Jahre, während dieser Anteil in der knRV noch 17% betrug. Da sich die Altersstrukturen seither aber langsam angleichen[100], werden auch die Beitragszeiten in der knappschaftlichen Rentenversicherung deutlich sinken. Damit wird sich die finanzielle Situation noch weiter verschärfen.

Unter der Annahme, daß sich die durchschnittlichen Lebenserwartungen in den verschieden Versicherungszweigen weitgehend entsprechen[101], führen die längeren Rentenbezugszeiten in der knRV dazu, daß die Rentenfälle ansteigen, während die Zahl der aktiv Versicherten auf Grund der Strukturanpassungen im Bergbau zurückgeht. Bei gleichem Rentenniveau wie in der RV der Arbeiter und Angestellten müßten also auch hier die Beiträge steigen oder entsprechende Zuschüsse gezahlt werden, um das Ungleichgewicht zwischen Beitragseinnahmen und Rentenausgaben auszugleichen.

---

[97] vgl. [GÜNTHER/HOFMANN97B], Tabelle 7, S. 497.

[98] vgl. [VDR97A], Tabelle 102.10 W. S. 226.

[99] vgl. [VDR97A] Tabelle 22.10 Z, S. 80.

[100] vgl. [DEUTSCHER BUNDESTAG93A] und [DEUTSCHER BUNDESTAG97B], verschiedene Übersichten.

[101] Untersuchungen, die das Gegenteil beweisen, liegen nicht vor.

Um deutlich zu machen, wie groß diese Unterschiede zwischen den Beitragssätzen der knRV und der RV der Arbeiter und Angestellten sein müßten, werden im nächsten Abschnitt die Beitragssätze berechnet, die sich unter den gegenwärtigen Datenkonstellationen für die knRV und die RV der Arbeiter und Angestellten ergäben, wenn beide Versicherungssysteme vollständig beitragsfinanziert wären.

6.4 Die Ableitung gleichgewichtiger Beitragssätze

Ausgangspunkt dieser Berechnung sind die Gleichungen (13) und (14): Die Beitragseinnahmen setzen sich ausschließlich zusammen aus den Beiträgen, die die Erwerbstätigen aus ihren Bruttolohnsummen zum Zeitpunkt t bezahlen, während die Rentenausgaben ausschließlich aus den Rentenzahlungen an die Gruppe der Rentner zum Zeitpunkt t bestehen. Aus Gleichung (15) berechnen sich dann die jeweiligen gleichgewichtigen Beitragssätze, die Einnahmen und Ausgaben zum Zeitpunkt t ausgleichen. Es existiert keine wie auch immer geartete Zusatzfinanzierung wie beispielsweise ein Bundeszuschuß. Die Angaben beschränken sich auf die alten Länder.

Folgende Daten werden zugrundegelegt:

- Im Jahre 1996 waren in der knRV-West 155.480 Personen aktiv versichert, während 708.062 knappschaftliche Renten bezahlt wurden[102]. Dies ergibt einen Rentenfallquotienten von 4,55.
- Im Jahre 1996 waren in der RV der Arbeiter und Angestellten 34.783.000 Personen aktiv versichert, während 16.119.921 Renten bezahlt wurden[103]. Dies ergibt einen Rentenfallquotienten von 0,46.
- Das durchschnittliche Nettorentenniveau[104] in der Rentenversicherung der Arbeiter und Angestellten betrug 1996 70,1%[105]. Da für die knappschaftliche Rentenversicherung keine Angaben über das Nettorentenniveau zur Verfügung stehen, wird das Nettorentenniveau der Rentenversicherung der Arbeiter und Angestellten näherungsweise herangezogen.

Für die knRV ergibt sich nach Gleichung (15) als gleichgewichtiger Beitragssatz

(23) $b_{knRV} = 4,55 \cdot 0,701 = 3,189$

[102] Der Rentnerquotient der Gleichung (15) wird durch den Renten**fall**quotienten angenähert.

[103] vgl. [DEUTSCHER BUNDESTAG97B], [BMA97B], verschiedene Tabellen und eigene Berechnungen.

[104] Gleichung (15) stellt zwar auf das Bruttorentenniveau ab. Da in Deutschland die Rentenentwicklung seit der Rentenreform der Nettolohnentwicklung folgt, ist die im politischen Alltag wichtigste Größe das Netto- und nicht das Bruttorentenniveau.

[105] vgl. [DEUTSCHER BUNDESTAG97B], Übersicht I 13, S. 154; [DIW7/97], Tabelle 1, S. 120; eigene Berechnungen.

Der gleichgewichtige Beitragssatz müßte in der knRV also unter Zugrundelegung der Daten von 1996 und der Annahme der Abwesenheit von Staatszuschüssen in der absurden Größenordnung von rund 319% liegen.

Für die RV der Arbeiter und Angestellten ergibt sich jedoch ein gänzlich anderes Bild. Gleichung (15) wird zu

$$(24)\quad b_{Arb/AngRV} = 0,46 \cdot 0,701 = 0,3224$$

Der gleichgewichtige Beitragssatz, der in der RV der Arbeiter und Angestellten im Jahre 1996 die Einnahmen und Ausgaben ohne Staatszuschüsse ausgleichen würde, läge also bei rund 32%.

6.5 Fazit

Die Diskrepanz zwischen den beiden gleichgewichtigen Beitragssätzen macht das Dilemma, in dem sich die knRV befindet, noch einmal auf dramatische Weise deutlich: Während der Ausgleich zwischen Einnahmen und Ausgaben in der RV der Arbeiter und Angestellten auch ohne Bundeszuschuß durch einen Beitragssatz erreichbar wäre, der relativ geringfügig höher als der offizielle Beitragssatz von 1996 läge, ist ein solcher Ausgleich allein über Beitragseinnahmen in der knRV vollkommen unmöglich. Ohne zusätzliche Einnahmequellen ist die knRV nicht finanzierbar.

Die Höhe des gleichgewichtigen Beitragssatzes für die knRV zeigt auch, daß der Bundeszuschuß, der zu einem Ausgleich der Einnahmen und Ausgaben pro Periode führt, sehr hoch liegen muß: Beitragseinnahmen, die auf der Grundlage eines Beitragssatzes von 25,5% (1996)[106] zur Verfügung stehen, decken den Finanzbedarf nicht annähernd. Deshalb ist es nicht verwunderlich, daß der Anteil des Bundeszuschusses an den Einnahmen der knRV im Jahre 1996 über 58%[107] ausmachte.

Die Gründe für diese Situation sind im reinen Branchenbezug der knRV in Verbindung mit der Umlagefinanzierung zu sehen. Durch diesen Branchenbezug kommt es zu einer Konzentration ähnlicher Risiken in einer Versicherung: Einerseits besteht das Risiko des früheren Rentenbezugs durch die gesundheitliche Belastung der bergbaulichen Berufe, andererseits verringert sich die Zahl der Beitragszahler durch die Strukturanpassungen in eben dieser schrumpfenden Branche. Damit steigt das Risiko des Beitragsausfalls.

Die Versicherten der RV der Arbeiter und Angestellten konzentrieren sich nicht auf eine Branche, sie sind über alle Wirtschaftssektoren verteilt. Damit entsteht auch keine Konzentration der Risiken; Beitragsausfälle in der einen Branche können durch Beitragszuwächse in anderen Branchen ausgeglichen werden.

[106] vgl. [BEHRINGER97], S. 23.
[107] vgl. [DEUTSCHER BUNDESTAG97B], Übersicht II 13, S. 210.

Auch die RV der Arbeiter und Angestellten ist trotz ihrer Risikodiversifikation nicht vor Zahlungsschwierigkeiten sicher. Dies wird in der gegenwärtigen Situation beinahe täglich in den Diskussionen über Leistungskürzungen und Beitragserhöhungen deutlich. Dennoch werden die Finanzierungsschwierigkeiten in der RV der Arbeiter und Angestellten nicht die Ausmaße annehmen, die sie in der knRV haben. Z.B. sieht das aktuellste PROGNOS-Gutachten den Beitragssatz in der Gesetzlichen Rentenversicherung selbst bei ungünstigster wirtschaftlicher Entwicklung (unter der Berücksichtigung von Bundeszuschüssen) im Jahre 2040 „lediglich" bei 28,7%[108].

Da ein Ende der Strukturkrise im Bergbau nicht in Sicht ist und die Zahl der Beschäftigten weiter sinken wird, dürfte sich die finanzielle Krise der knRV kurz- bis mittelfristig weiter verschärfen. Dies erzwingt bei gleichen Beitragssätzen wie in der RV der Arbeiter und Angestellten steigende Bundeszuschüsse. Erst wenn die Rentenbestände deutlich zurückgehen, ist mit einer Entspannung der Situation zu rechnen. Abbildung 6 hat jedoch gezeigt, daß eine solche Entwicklung derzeit nicht abzusehen ist.

[108]vgl. [VDR95B], Tabelle I-2, S. 11.

7 Strukturmerkmale der knRV-West im Vergleich zur RV der Arbeiter und Angestellten-West

In den folgenden Abschnitten wird anhand eines Vergleiches der **knRV-West** und der **RV der Arbeiter und Angestellten-West** die Sonderstellung der knRV-West systematisch dargestellt. Dabei werden die gesetzlichen Bestimmungen zu den Bereichen **Rentenregelungen und Rentenbestand**, **Rentenhöhen** und **Finanzierung** der beiden Versicherungszweige gegenübergestellt. Im Anschluß an die gesetzlichen Regelungen stehen Abschnitte über die quantitativen Größenverhältnisse.

Die entsprechenden Rentenregelungen, die die **knRV-Ost** betreffen, werden hier nicht mit einbezogen. Dies geschieht hauptsächlich deshalb, weil für die knRV Sonderbestimmungen bestehen und weil die notwendigen Anpassungsprozesse noch nicht abgeschlossen sind. Ein einheitliches Bild der knRV-Ost ist bei der derzeit bestehenden Datenlage noch nicht zu zeichnen. Die Strukturmerkmale der knRV-Ost werden deshalb in einem eigenständigen Abschnitt 8 im Anschluß an das folgenden Kapitel dargestellt.

7.1 Anspruchsvoraussetzungen und Rentenbestand im Vergleich

Die Rentenleistungen der knRV unterscheiden sich von denen in der RV der Arbeiter und Angestellten sowohl bezüglich der Anspruchsvoraussetzungen als auch bezüglich der Rentenhöhen. Die Unterschiede bei den Anspruchsvoraussetzungen werden im folgenden Abschnitt besprochen.

In Tabelle 1 ist der Rentenbestand der GRV-West (d.h. der RV der Arbeiter und Angestellten und der knRV) dargestellt.

Tabelle 1: Rentenbestand West - 1996

		knRV		**Arb/AngRV**	
		absolut	in %	absolut	in %
1.	Renten wegen Alters	337.438	47,7	10.366.330	64,3
2.	EU-/BU-Renten	60.509	8,5	1.373.606	8,5
=	Versichertenrenten	397.947	56,2	11.739.936	72,8
3.	Renten wegen Todes	296.542	41,9	4.379.902	27,2
4.	Knappschaftsausgleichsleistung	13.524	1,9		
5.	RÜG-Renten[a]	49	0,0	83	0,0
Gesamt (1.+2.+3.+4.+5.)		**708.062**	**100**	**16.119.921**	**100**

Quelle: [BMA97B], Tabelle 96, S. 143; Tabelle 97, S. 144; eigene Berechnungen.

[a] Renten nach dem Rentenüberleitungsgesetz; vgl. Abschnitt 8.

Dieser Rentenbestand verteilt sich auf die drei Rentengruppen Renten wegen Alters, Renten wegen verminderter Erwerbsfähigkeit (EU-BU-Renten) und Renten wegen Todes gemäß Tabelle 1.

In dieser Arbeit werden die **Versichertenrenten**, d.h. die Renten wegen verminderter Erwerbsfähigkeit und die Renten wegen Alters ausführlich analysiert. Bei den Renten wegen Todes gibt es hinsichtlich der Anspruchsvoraussetzungen keine knappschaftlichen Besonderheiten und es existieren keine besonderen knappschaftlichen Rentenarten. Deshalb werden sie hier nicht gesondert behandelt. Man beachte aber, daß sich auch bei den Renten wegen Todes Unterschiede bei der Rentenhöhe ergeben, da sie nach Tabelle 6 mit höheren Rentenartfaktoren ausgestattet sind[109].

Die Leistungen der knRV bezüglich der Versichertenrenten kann man in drei Gruppen einteilen:

1. Allgemeine Rentenregelungen
2. Spezifisch bergmännische Rentenregelungen
3. Sozialpolitisch motivierte Rentenregelungen

7.1.1 Allgemeine Rentenregelungen

Die allgemeinen Rentenregelungen sind die Rentenregelungen, deren Rentengewährung in der knRV den gleichen Anspruchsvoraussetzungen unterliegt wie in der RV der Arbeiter und Angestellten. Hierzu gehören neben den **Renten wegen Alters** der §§35-39 SGB VI, den **Renten wegen verminderter Erwerbsfähigkeit** nach §§43,44 SGB VI auch die **Renten wegen Todes** nach §§46-48 SGB VI. Sie enthalten keine Sonderbestimmungen für die Versicherten der knRV, allerdings ergeben sich auch hier Unterschiede bei der Rentenhöhe[110].

7.1.2 Spezifisch bergmännische Rentenregelungen bei Renten wegen Alters

Neben die im letzten Abschnitt angeführten Renten wegen Alters tritt in der knRV die bergmannspezifische **Altersrente für langjährig unter Tage beschäftigte Bergleute** nach §40 SGB VI. Ein Anspruch auf Altersrente besteht für Versicherte mit langjähriger unter Tage Arbeit ab dem 60. Lebensjahr. Die Wartezeit, also die vorgeschriebene Mindestversicherungszeit, beträgt 25 Jahre.

Der spezifisch „bergmännische“ Bezug dieser Rentenart wird dadurch hergestellt, daß der Bezug dieser Altersrentenart an die Voraussetzung der langjährigen unter Tage Arbeit gekoppelt ist. D.h., daß nur derjenige Bergmann diese Art der Altersrente beziehen kann,

[109]vgl. dazu Abschnitt 7.2.1.

[110]vgl. Abschnitt 7.2.3.

der während seiner Versicherungszeit *ständige Arbeiten unter Tage* oder diesen Arbeiten *gleichgestellte Arbeiten* i.S.d. §62 SGB VI verrichtet hat.

Ständige Arbeiten unter Tage sind Arbeiten, die „ihrer Natur nach ausschließlich unter Tage ausgeübt werden“[111]. Bei gleichgestellten Arbeiten handelt es sich z.B. um Arbeiten als Mitglied der Grubenwehr, die für den Einsatz unter Tage bereit gehalten werden[112].

Der Anspruch auf eine Altersrente für langjährige unter Tage Arbeit geht über die Regelungen in der RV der Arbeiter und Angestellten hinaus, haben doch nach §36 SGB VI langjährig Versicherte der RV der Arbeiter und Angestellten erst ab dem 63. Lebensjahr und nach 35 Jahren Wartezeit Anspruch auf Altersrente für langjährig Versicherte. Hinzu kommt, daß die Bezieher einer knappschaftlichen Rente nach §40 SGB VI nicht von der stufenweisen Anhebung der Altersgrenze betroffen sind, wie sie §41 SGB VI u.a. für langjährig Versicherte in der RV der Arbeiter und Angestellten festlegt. Im Rahmen der Anhebung wird ab dem Jahre 1997 die Altersgrenze für diese Rente bis zum Jahre 2001 auf 65 Jahre angehoben.

Einen Überblick über den Rentenbestand an Altersrenten (AR) in der knRV-West im Vergleich zur RV der Arbeiter und Angestellten-West gibt Tabelle 2.

Tabelle 2: Renten wegen Alters - Rentenbestand West - 1996

	knRV		**Arb/AngRV**	
	absolut	in %	absolut	in %
Gesamtrentenbestand	**708.062**	**100**	**16.119.921**	**100**
Renten wegen Alters gesamt	337.438	47,7	10.366.330	64,3
• AR für langjährig unter Tage beschäftigte Bergleute	6.319	0,9		
• Regelaltersrente	203.884	28,8	7.636.516	47,4
• AR wegen Arbeitslosigkeit	61.618	8,7	653.867	4,1
• AR für Schwerbehinderte etc.	44.532	6,3	506.984	3,1
• AR für langjährig Versicherte	15.636	2,2	528.409	3,3
• AR für Frauen	5.449	0,8	1.040.554	6,5

Quelle: [BMA97B], Tabelle 96, S. 143; Tabelle 97, S. 144; eigene Berechnungen.

7.1.3 Spezifisch bergmännische Rentenregelungen bei Renten wegen verminderter Erwerbsfähigkeit

7.1.3.1 Renten für Bergleute Neben den üblichen Berufsunfähigkeitsrenten (BU-Renten) existiert in der knRV als Sonderleistung die **Rente für Bergleute**. §45 Abs. 1 SGB VI legt fest, daß Bergleute Anspruch auf Rente haben, wenn sie *im Bergbau*

[111] [HzS], Gruppe 5b, S. 102.
[112] vgl. [KREIKEBOHM97], S. 359.

vermindert berufsfähig sind, eine Wartezeit von 5 Jahren erfüllt haben und drei Jahre vor Eintritt der Berufsunfähigkeit Pflichtbeiträge in die knRV entrichtet haben. Die Wartezeit kann sich durch Berufsunfälle u.ä. verkürzen.

§45 Abs. 3 SGB VI eröffnet darüber hinaus die Möglichkeit, daß Bergleute *ab der Vollendung des 50. Lebensjahres* Anspruch auf Rente haben, wenn sie eine Wartezeit von 25 Jahren erfüllt haben und sie nicht mehr in der Lage sind, eine ihrer knappschaftlichen Tätigkeit vergleichbaren Tätigkeit nachzugehen. Die Ansprüche erlöschen mit Erreichen des 65. Lebensjahres, bzw. wenn die Berufsfähigkeit wieder hergestellt werden kann.

Die Rente für Bergleute nach §45 Abs. 1 SGB VI geht damit über die allgemeinen Bestimmungen zur BU-Rente hinaus. Sie bezieht sich auf die *im Bergbau verminderte Berufsfähigkeit*. Das Gesetz bestimmt in §45 Abs. 2 SGB VI, daß Renten an Bergleute gezahlt werden können, die nicht mehr „imstande sind

1. die von ihnen bisher ausgeübte knappschaftliche Beschäftigung und
2. eine andere wirtschaftlich im wesentlichen gleichwertige knappschaftliche Beschäftigung, die von Personen mit ähnlicher Ausbildung sowie gleichwertigen Kenntnissen und Fähigkeiten ausgeübt wird,

auszuüben.“ Eine solche verminderte Berufsfähigkeit setzt also voraus, daß ein Versicherter aus gesundheitlichen Gründen seine bisher ausgeübte Arbeit im Bergbau nicht mehr verrichten kann. Zusätzlich darf er auch nicht mehr dazu in der Lage sein, eine wirtschaftlich und qualitativ gleichwertige Arbeit im Bergbau oder **außerhalb des Bergbaus** auszuüben. Ist der Versicherte also dazu imstande, eine solche Arbeit auch außerhalb des Bergbaus anzunehmen, dann ist er **nicht** im Bergbau vermindert berufsfähig[113].

Auch wenn der „eigentliche“ Versichertenkreis nur die unter Tage beschäftigten Bergleute sind, so können auch Beschäftigte über Tage diese Rente beantragen[114], solange ihre Tätigkeit unmittelbar mit der bergmännischen Gewinnung von Rohstoffen in Verbindung steht, sie also knappschaftliche Arbeiten verrichten[115].

Im Gegensatz zur Rente für Bergleute wegen im Bergbau verminderter Berufsfähigkeit, die auf einer tatsächlichen Erwerbsminderung beruht, wird bei der **Rente für Bergleute nach Vollendung des 50. Lebensjahres** eine Erwerbsminderung *nur unterstellt*, sie muß noch nicht eingetreten sein. Anspruch auf eine solche Rente für Bergleute haben aber nur Versicherte, die vor der Stellung des Rentenantrags mit ständigen Arbeiten unter Tage beschäftigt waren: „Die gesetzliche Regelung stellt die (...) **Vermutung** auf, daß ein Versicherter, der 25 Jahre lang die gesundheitsgefährdende und kräftezehrende Arbeit unter Tage geleistet hat, mit Vollendung des 50. Lebensjahres vermindert berufsfähig ist“[116].

---

[113] vgl. [HzS], Gruppe 5b, S. 123.

[114] vgl. [GITTER92], S. 189.

[115] vgl. Anhang A.2.

[116] [KREIKEBOHM97], S. 288.

Nach §45 Abs. 3 SGB VI können langjährig unter Tage Beschäftigte ab Vollendung des 50. Lebensjahres als Vorbeugung vor gesundheitlichen Schäden in einen körperlich nicht so anspruchsvollen Beruf wechseln. Die Rente für Bergleute dient dazu, die Lohneinbußen auszugleichen, die durch einen Wechsel in einen anderen Beruf entstehen können. Die Rente für Bergleute hat somit die Funktion eines Lohnzusatzes.

Für die knappschaftlich Versicherten gelten auch die allgemeinen Rentenregelungen über die Renten wegen Berufs- und Erwerbsunfähigkeit nach den §§43 und 44 SGB VI. Durch die Renten für Bergleute wurde das zweistufige System der Erwerbsminderung in der RV der Arbeiter und Angestellten allerdings auf ein dreistufiges System erweitert:

- **1. Stufe:** im Bergbau verminderte Berufsfähigkeit
- **2. Stufe:** Berufsunfähigkeit
- **3. Stufe:** Erwerbsunfähigkeit

Dies geschah, um den besonderen körperlichen Anforderungen bei der bergmännischen Arbeit Rechnung zu tragen. Eine Inanspruchnahme einer Rente wegen Erwerbsunfähigkeit ist in der knRV somit leichter möglich als in der RV der Arbeiter und Angestellten.

In Tabelle 3 wird der Rentenbestand an Renten wegen verminderter Erwerbsfähigkeit in der knRV-West und der RV der Arbeiter und Angestellten-West im Jahre 1996 dargestellt.

Tabelle 3: Renten wegen verminderter Erwerbsfähigkeit - Rentenbestand West - 1996

	knRV		**Arb/AngRV**	
	absolut	in %	absolut	in %
Gesamtrentenbestand	**708.062**	**100**	**16.119.921**	**100**
EU-/BU-Renten gesamt	60.509	8,5	1.373.606	8,5
• Rente für Bergleute wegen im Bergbau verminderter Berufsfähigkeit	9.742	1,4		
• Rente für Bergleute wegen Vollendung des 50. Lebensjahres	2.847	0,4		
• Rente wegen Berufsunfähigkeit	15.223	2,2	93.398	0,6
• Rente wegen Erwerbsunfähigkeit	32.697	4,6	1.280.208	8,0

Quelle: [BMA97B], Tabelle 96, S. 143; Tabelle 97, S. 144; eigene Berechnungen.

7.1.4 Sozialpolitisch motivierte Rentenregelungen

Mithilfe sozialpolitisch motivierter Rentenregelungen wird versucht, auf die Strukturanpassungen im Bergbau zu reagieren. 1963 wurde deshalb angesichts der damaligen Krise im deutschen Bergbau die **Knappschaftsausgleichsleistung (KAL)** eingeführt, die 1989 auch ins SGB VI übernommen wurde.

Bei der KAL handelt es sich nicht um eine Rente im herkömmlichen Sinne, auch wenn sie an eine Altersgrenze, nämlich die Vollendung des 55. Lebensjahres und bestimmte Anspruchsvoraussetzungen gebunden ist. Sie dient der finanziellen Absicherung derjenigen Versicherten, die langjährige Arbeiten unter Tage ausgeführt haben, die Anspruchsvoraussetzungen für eine Rente wegen Berufs- oder Erwerbsunfähigkeit oder eine Rente wegen Alters aber noch nicht erfüllen.

Nach §239 SGB VI hat jeder Versicherte, der nach dem 55. Lebensjahr aus einem knappschaftlichen Betrieb in der Bundesrepublik Deutschland ausscheidet, Anspruch auf eine KAL. Die Gründe für das Ausscheiden kann man in zwei Gruppen aufteilen, wobei für beide Gruppen eine Wartezeit von 25 Jahren gilt:

1. Beendigung der Beschäftigung aus Gründen, die „in der Person des Versicherten liegen“:
   Ein Anspruch auf KAL besteht, wenn der Versicherte als Folge einer langjährigen Beschäftigung unter Tage vermindert berufsfähig wird, die Aufgabe der unter Tage Beschäftigung also gesundheitlich notwendig ist.

2. Beendigung der Beschäftigung aus Gründen, die „nicht in der Person des Versicherten liegen“:
   Ein Anspruch auf KAL besteht, sofern der Versicherte während der 25 Jahre, die er Beiträge gezahlt hat, **Untertagearbeit** geleistet hat und aus einem knappschaftlichen Betrieb ausscheidet. Allerdings kommt es hier auf die Gründe an, die zu einer Aufgabe der Beschäftigung zwingen: Nicht in der Person des Versicherten liegende Gründe sind dabei „Stillegung, Teilstillegung, Betriebseinschränkung, Zusammenlegung von Betrieben oder sonstige Rationalisierungsmaßnahmen“[117].

Im letzten Punkt kommt die sozialpolitische Komponente der KAL sehr deutlich zum Ausdruck, sollen hier doch die langjährigen „Kumpel“, die mit 55 Jahren keine Umschulungsmöglichkeiten mehr haben, abgesichert werden.

Die KAL ist eine spezifisch knappschaftliche Bestimmung auschliesßlich für unter Tage Beschäftigte des Bergbaus und ihre Leistung geht über die der RV der Arbeiter und Angestellten hinaus, da sich für die Versicherten der RV der Arbeiter und Angestellten keine vergleichbaren Möglichkeiten eröffnen. In der RV der Arbeiter und Angestellten kann zwar auch nach §38 SGB VI eine **Altersrente wegen Arbeitslosigkeit** in Anspruch genommen werden, doch diese ist an das Erreichen des 60. Lebensjahres gebunden.

Es ist zu beachten, daß der Anspruch auf KAL mit dem 60.Lebensjahr endet, da ab diesem Zeitpunkt eine Rente nach §§38 bzw. 40 SGB VI möglich ist. Eine solche Umwandlung ist meist im Sinne des Versicherten, da die Rentenzahlungen bei diesen beiden Rentenarten höher sind[118]. Die Gewährung von KAL ist also als bergbauspezifische Vorstufe bis zur

[117][BUNDESKNAPPSCHAFT94C], S. 8.
[118]vgl. [BUNDESKNAPPSCHAFT94C], S. 21.

Gewährung einer allgemeinen Rente zu sehen. In Tabelle 4 werden die Anteile der KAL und der Renten wegen Arbeitslosigkeit am Gesamtrentenbestand der knRV und den Anteilen an Renten wegen Arbeitslosigkeit am Gesamtrentenbestand der RV der Arbeiter und Angestellten gegenübergestellt.

Tabelle 4: KAL und Renten wegen Arbeitslosigkeit - Rentenbestand West - 1996

	knRV		Arb/AngRV	
	absolut	in %	absolut	in %
Gesamtrentenbestand	**708.062**	**100**	**16.119.921**	**100**
AR wegen Arbeitslosigkeit	61.618	8,7	653.867	4,1
KAL	13.524	1,9		

Quelle: [BMA97B], Tabelle 96, S. 143; Tabelle 97, S. 144; eigene Berechnungen.

Beim sogenannten **Anpassungsgeld (APG)** handelt es sich um eine weitere sozialpolitisch motivierte Rentenart. Das APG wurde zu Beginn des Jahres 1972 eingeführt und ist gedacht für Bergleute, die nach Vollendung des 50. Lebensjahres aufgrund von Stillegungs- oder Rationalisierungsmaßnahmen ihre Beschäftigung im **Steinkohlenbergbau** aufgeben müssen[119]. Damit sollen die Strukturanpassungen im Steinkohlenbergbau unterstützt werden. Das APG wird längstens bis zum 55. Lebensjahr gewährt und wird dann durch die Zahlung einer KAL ersetzt.

Zu beachten ist in diesem Zusammenhang allerdings, daß das APG *nicht* von der knRV, sondern alleine vom Bund (zu 2/3) und den betroffenen Bergbauländern (zu 1/3) getragen wird und deshalb auch als „offizielle" Bergbausubvention im Subventionsbericht der Bundesregierung[120] angeführt wird. Der knRV obliegt nur die Prüfung der Anspruchsvoraussetzungen und die Berechnung[121].

7.1.5 Zusammenfassung

In Tabelle 5 werden noch einmal die Anteile der Renten wegen Alters und der EU-/BU-Renten in der knRV mit ihren bergbauspezifischen Anteilen (Altersrente für langjährig unter Tage beschäftigte Bergleute bzw. Renten für Bergleute) denen in der RV der Arbeiter und Angestellten gegenübergestellt.

Fast alle Altersrenten werden auch in der knRV als normale Altersrenten bezogen. Dagegen ist der Anteil der bergbauspezifischen Rentenarten an den BU-/EU-Renten mit 20,1% doch beträchtlich. Dies läßt darauf schließen, daß ein größerer Teil der anspruchsberechtigten Versicherten die bergbauspezifischen Rentenarten wählt, um die gesundheitsbelastende Tätigkeit im Bergbau aufzugeben und eine weniger belastende Tätigkeit außerhalb des Bergbaus aufzunehmen.

---

[119] vgl. [BUNDESKNAPPSCHAFT94B], S. 12.

[120] 1996 wird als „Finanzhilfe" unter der laufenden Nummer 40 im Subventionsbericht aufgeführt; vgl. [DEUTSCHER BUNDESTAG97A], Anlage 1, S. 91.

[121] vgl. [BUNDESKNAPPSCHAFT94C], S. 10.

Tabelle 5: Gesamtrentenbestand und bergbauspezifische Rentenarten - Rentenbestand West - 1996

	knRV		Arb/AngRV	
	absolut	in %	absolut	in %
Gesamtrentenbestand	708.049		16.119.921	
Altersrenten Gesamt	**337.438**	**100**	**10.366.330**	**100**
• bergbauspezifische Renten	6.319	1,9		
• Sonstige	331.119	98,1	10.366.330	100
EU-/BU-Renten Gesamt	**60.509**	**100**	**1.373.606**	**100**
• bergbauspezifische Renten	1689	20,8		
• Sonstige	47.920	79,2	1.373.606	100
Knappschaftsausgleichsleistung	13.524	100		

Quelle: [BMA97B], Tabelle 96, S. 143; Tabelle 97, S. 144; eigene Berechnungen.

7.2 Rentenberechnung und Rentenhöhen im Vergleich

Die knRV unterscheidet sich auch bei der Rentenberechnung von der RV der Arbeiter und Angestellten: Zwar liegt der Berechnung einer Knappschaftsrente die gleiche Rentenformel[122] zugrunde, unterschiedlich sind aber einzelne Komponenten wie Rentenartfaktoren und Entgeltpunkte. Auf diese Punkte wird im folgenden näher eingegangen.

7.2.1 Die Rentenartfaktoren in der knRV

Die **Rentenartfaktoren** in der knRV liegen höher als in der RV der Arbeiter und Angestellten. In Tabelle 6 werden die unterschiedlichen Rentenartfaktoren in der knRV und der RV für Arbeiter und Angestellte nach §§67 und 82 SGB VI gegenübergestellt.

Die Rentenartfaktoren gehen in der Rentenformel direkt in die Berechnung der Monatsrente ein und beeinflussen deshalb die Rentenhöhe. Da die Rentenartfaktoren in der knRV **bei allen Rentenarten höher sind** als in der RV der Arbeiter und Angestellten, ergibt sich für die knRV ein **insgesamt höheres Rentenniveau**. Da die Rentenartfaktoren in der knRV um durchschnittlich ein Drittel über denen in der RV der Arbeiter und Angestellten liegen, würde dies ein Rentenniveau bedingen, das in der knRV um durchschnittlich ein Drittel höher liegt.

7.2.2 Die Ermittlung der persönlichen Entgeltpunkte

Bei der Berechnung der persönlichen Entgeltpunkte ergeben sich die folgenden knappschaftlichen Besonderheiten:

[122]vgl. zur Rentenformel und zu den Begriffen Rentenartfaktoren bzw. Entgeltpunkte Anhang C.

Tabelle 6: Rentenartfaktoren

Rentenartfaktoren in der	**knRV**	**Arb/ AngRV**
Renten für Bergleute		
• bei ständigen Arbeiten unter Tage	1,3333	
• in allen übrigen Fällen	0,5333	
Renten wegen Berufsunfähigkeit		0,6667
• solange eine knappschaftlich versicherte Beschäftigung ausgeübt wird	0,8	
• nach Aufgabe einer knappschaftlichen versicherungspflichtigen Beschäftigung	1,2	
• bei ständigen Arbeiten unter Tage	1,3333	
Renten wegen Erwerbsunfähigkeit	1,3333	1,0
Renten wegen Alters	1,3333	1,0
Erziehungsrenten	1,3333	1,0
Kleine Witwen-/Witwerrenten		
• bei ständigen Arbeiten unter Tage	1,33/0,8	
• in allen übrigen Fällen	1,33/0,33	1,0/0,25
Große Witwen-/Witwerrenten	1,33/0,8	1,0/0,6
Halbwaisenrenten	0,1333	0,1
Vollwaisenrenten	0,2667	0,2

- Kindererziehungszeiten im Rahmen der knRV gehen mit 0,0468 EP (gegenüber 0,0625 in der RV der Arbeiter und Angestellten) in die Rentenberechnung ein (§83 SGB VI). Damit werden die höheren Rentenartfaktoren der knRV ausgeglichen. Die auf die Kindererziehungszeiten entfallenden Rentenanteile sind damit in der knRV und der RV der Arbeiter und Angestellten gleich.

- Für jede unter Tage verfahrene Schicht erhalten Bergleute eine **Bergmannsprämie** (seit 1.4.1980 DM 10,00). Diese Bergmannsprämien sind kein Bestandteil des Lohnes oder Gehaltes im Sinne des Einkommenssteuergesetzes und sind deshalb auch nicht zu versteuern[123]. Sie sind auch nicht sozialversicherungspflichtig; dennoch wird „eine Beitragszahlung fingiert“[124], indem die Beitragsbemessungsgrundlage um den Betrag der Prämie erhöht wird (§83 Abs. 2 SGB VI). Der Erhalt einer Bergmannsprämie wirkt also rentenerhöhend bei unter Tage beschäftigten Bergleuten. Die Ausnahme bilden aber die Renten für Bergleute, deren Höhe durch den Bezug von Bergmannsprämien nicht beeinflußt wird, da diese Renten lediglich Lohnzusatzfunktionen erfüllen.

[123] vgl. [BRETTSCHNEIDER91], S. 143.
[124] [KREIKEBOHM97], S. 423.

- Nach §85 SGB VI erhalten Bergleute, die sechs Jahre mit ständigen Arbeiten unter Tage beschäftigt sind, für jedes weitere volle Jahr mit Arbeiten unter Tage nach Jahren gestaffelte **Leistungszuschläge** (maximal 0,375 für jedes weitere Jahr), welche die persönlichen EP erhöhen. Dieser Leistungszuschlag erhöht die Renten für Bergleute, die Renten wegen verminderter Erwerbsfähigkeit und wegen Alters.

Durch die Bergmannsprämien und die Leistungszuschläge erhöhen sich die persönlichen EP, die in die Rentenberechnung eingehen. Dies zeigt ein Vergleich der durchschnittlichen Entgeltpunkte des Rentenneuzugangs des Jahres 1996 in der knRV und dem Durchschnitt der GRV: Bezogen auf alle Rentenarten waren die persönlichen Entgeltpunkte in der knRV 31% höher als im Durchschnitt der GRV. Besonders stark war die Abweichung bei den Renten wegen Alters. Hier überstiegen die persönlichen Entgeltpunkte in der knRV die im GRV-Durchschnitt um über 50%[125].

7.2.3 Die tatsächlichen Rentenhöhen

Während die Zuschläge bei den Entgeltpunkten nur bei den Versicherten zu höheren Renten führen, die die notwendigen Anspruchsvoraussetzungen erfüllen, so betreffen die höheren Rentenartfaktoren *alle* Renten, die an Versicherte der knRV gezahlt werden. In den Genuß dieser höheren Renten kommen damit alle Versicherten der knRV, also sowohl diejenigen, die unter oder auch über Tage mit bergbaulichen Tätigkeiten beschäftigt sind, als auch diejenigen, die als Angestellte keine eigentlichen Bergbautätigkeiten verrichten. Demzufolge liegt das Renten**niveau** in der knRV über dem der RV der Arbeiter und Angestellten.

Renten wegen Berufsunfähigkeit erfüllen eine Lohnzusatzfunktion, während die Renten wegen Erwerbsunfähigkeit und die Renten wegen Alters eine Lohnersatzfunktion haben. Die Auszahlungsbeträge der Renten wegen Berufsunfähigkeit liegen deshalb meist unter denen für Erwerbsunfähigkeit bzw. wegen Alters. In Tabelle 7 sind die Rentenauszahlungsbeträge der Versichertenrenten der knRV im Jahre 1996 dargestellt.

Die höchste knappschaftliche Rente ist nach Tabelle 7 die Altersrente für langjährig unter Tage beschäftigte Bergleute, die niedrigste Knappschaftsrente die Rente für Bergleute wegen im Bergbau verminderter Berufsfähigkeit. Die Altersrente für Frauen ist im Vergleich zu den anderen Renten wegen Alters deshalb relativ niedrig, weil Frauen oft unvollständige Berufsbiographien haben bzw. auch niedrig bezahlteren Beschäftigungen nachgehen.

Es ist zu beachten, daß die Altersrenten wegen Arbeitslosigkeit, für Frauen, für Schwerbehinderte, Erwerbs- und Berufsunfähige, für langjährig Versicherte und für langjährig unter Tage beschäftigte Bergleute seit der Rentenreform 1992 mit Erreichen des 65. Lebensjahres der Form nach in Regelaltersrenten umgewandelt werden. Die Auszahlungsbeträge

[125]vgl. [VDR97A], Tabelle 24.10 Z, S. 82.

Tabelle 7: Rentenauszahlungsbeträge der laufenden Renten - knRV-West 1996

Rentenart	**DM/ Monat**
Versichertenrenten gesamt (Durchschnitt)	**2.385**
EU-/BU-Renten	
• Renten für Bergleute (verminderte Berufsfähigkeit)	441
• Renten für Bergleute (Vollendung des 50. Lebensjahres)	1.205
• Renten wegen Berufsunfähigkeit	2.025
• Renten wegen Erwerbsunfähigkeit	2.024
Renten wegen Alters	
• Regelaltersrente	2.370
• Altersrente wegen Arbeitslosigkeit	2.841
• Altersrente für Frauen	1.578
• Altersrente für langjährig unter Tage beschäftigte Bergleute	3.500
• Altersrente für Schwerbehinderte...	2.510
• Altersrente für langjährig Versicherte	2.627

Quelle: [DEUTSCHER BUNDESTAG96] Übersicht II 7, S. 184.

der umgewandelten Renten werden jedoch nicht auf die niedrigere (höhere) Regelaltersrente gesenkt (erhöht). Die höheren umgewandelten Renten profitieren allerdings in der Folgezeit nicht im selben Ausmaß wie die Regelaltersrenten von Rentensteigerungen[126].

Ein Vergleich der Renten der knRV mit den Renten in der RV der Arbeiter und Angestellten zeigt, daß alle Knappschaftsrenten beträchtlich höher liegen. Die durchschnittliche Rente in der RV der Arbeiter und Angestellten-West erreichte 1996 lediglich 51% der entsprechenden Knappschaftsrente, die durchschnittliche Regelaltersrente nur 44% der Regelaltersrente in der knRV. Die geringste Diskrepanz in den Rentenhöhen zwischen der knRV und der RV der Arbeiter und Angestellten ergab sich bei der Altersrente für Schwerbehinderte, Berufs- oder Erwerbsunfähige mit fast 78% der entsprechenden Knappschaftsrente. In Tabelle 8 werden die Rentenhöhen in der knRV denen in der RV der Arbeiter und Angestellten gegenübergestellt.

7.3 Die Finanzierung der knRV und der RV der Arbeiter und Angestellten

Die knRV finanziert sich wie die RV der Arbeiter und Angestellten nach dem Umlageverfahren. Damit müssen nach §153 Abs. 1, SGB VI die „Ausgaben eines Kalenderjahres

[126] Nach Aussage eines Mitarbeiters der Bundesknappschaft dient diese Maßnahme in erster Linie zur Senkung der Rentenbestandszahlen der umgewandelten Renten. Die Entlastungswirkung auf der Ausgabenseite der Rentenversicherungsträger ist gering, da die umgewandelten Renten der Höhe nach nicht sofort angepaßt werden.

Tabelle 8: Durchschnittliche Rentenhöhen in der knRV und der RV der Arbeiter und Angestellten - Rentenbestand West - 1996

Rentenart	**Höhe in knRV in DM**	**Höhe in RV der Arb/Ang in DM**	**Arb/Ang-Rente in % der KnRente**
Versichertenrenten gesamt	2.381	1.209	51%
EU/BU-Renten			
• BU-Renten[a]	1.378	991	72%
• EU-Renten	2.024	1.374	68%
Renten wegen Alters			
• Regelaltersrente	2.370	1.044	44%
• AR wegen Arbeitslosigkeit	2.841	1.999	70%
• AR für Frauen	1.578	1.193	76%
• AR für Schwerbehinderte...	2.510	1.957	78%
• AR für langjährig Versicherte	2.627	2.016	77%

[a]gewichteter Durchschnitt

Quelle: [Deutscher Bundestag97b] Übersicht I 7, S. 119; Übersicht II 7, S. 184; eigene Berechnungen.

durch die Einnahmen des gleichen Kalenderjahres [...] gedeckt" werden.

Als Einnahmen bestimmt §153 Abs. 2 SGB VI insbesondere:

- die Beiträge der Versicherten
- Mittel des Bundes zum Ausgleich von Einnahmen und Ausgaben (Bundeszuschuß).

Die Beitragshöhe richtet sich nach der Bruttolohn- oder Gehaltssumme. Die Höhe des Arbeitnehmeranteils am Beitragssatz in der knRV entspricht der der RV der Arbeiter und Angestellten, der Arbeitgeberanteil liegt (historisch bedingt) höher: Die Aufteilung zwischen den beiden Anteilen beträgt 1/3 (Arbeitnehmer) zu 2/3 (Arbeitgeber). Seit Einführung der Rentendynamisierung im Jahre 1957 liegt die Beitragsbemessungsgrenze der knRV über der der RV der Arbeiter und Angestellten. Die anfänglichen Unterschiede von über 30% in den Jahren 1957 und 1958 zwar gesunken, sie sind mit heute rund 23% (seit 1991) aber immer noch beträchtlich[127].

Zusätzliche Einnahmenbestandteile der knRV sind nach §223 SGB VI:

- die Erstattungen in der Wanderversicherung von der RV der Arbeiter und der RV der Angestellten (Wanderversicherungsausgleich WV): Dieser Posten entsteht dadurch,

[127]vgl. [Deutscher Bundestag94], Übersicht I 13, S. 120 und II 12, S. 165.

daß sich die Zuständigkeit der Bundesknappschaft auf alle Versicherten erstreckt, die mindestens 60 Kalendermonate in der knRV versichert waren, auch wenn sie nach dieser Zeit nicht mehr knappschaftlich versichert sind. Der Anteil der Rente, die von diesen Versicherten nicht in die knRV eingezahlt wurde, wird der Bundesknappschaft dann von der RV der Arbeiter und Angestellten erstattet.

- der Wanderungsausgleich von der RV der Arbeiter und der RV der Angestellten: Dieser ist immer dann zu zahlen, wenn Beitragszahler aus der knRV zur RV der Arbeiter und Angestellten abwandern. Dadurch soll „der Bund in seiner Defizithaftung für die knRV [...] entlastet" werden[128].

Der Wanderversicherungsausgleich besteht auch von der knRV zur RV der Arbeiter und Angestellten, sobald Versicherte von der RV der Arbeiter und Angestellten zur knRV wechseln. Ein Wanderungsausgleich von der knRV zur RV der Arbeiter und Angestellten existiert dagegen nicht.

Die Entwicklung der einzelnen Einnahmenbestandteile in der knRV wurde bereits im Abschnitt 3.3 dargestellt. Die Tabelle 9 verdeutlicht dagegen die Unterschiede zwischen den Einnahmenstrukturen der knRV-West und der RV der Arbeiter und Angestellten-West.

Tabelle 9: Die Einnahmenstruktur der GRV-West 1996

	knRV		**Arb/AngRV**	
	in Mio. DM	in %	in Mio. DM	in %
Beitragseinnahmen	2.316	11,0	236.036	81,4
Bundeszuschuß	12.279	58,1	49.246	17,0
Wanderversicherungsausgleich	5.815	27,5	600	0,2
Wanderungsausgleich	617	2,9		
Sonstige	100	0,5	4.102	1,4
Gesamteinnahmen	**21.127**	**100**	**289.984**	**100**

Quelle: [DEUTSCHER BUNDESTAG97B], verschiedene Tabellen; eigene Berechnungen.

Tabelle 9 zeigt, daß die knRV und die RV der Arbeiter und Angestellten vollkommen unterschiedliche Einnahmenstrukturen aufweisen. Während die RV der Arbeiter und Angestellten hauptsächlich beitragsfinanziert ist, bezieht die knRV den größten Anteil ihrer Einnahmen aus dem BZ. Zusätzlich erhält die knRV über ein Viertel ihrer Einnahmen aus dem Wanderversicherungs- bzw. Wanderungsausgleich von der RV der Arbeiter und Angestellten.

Einnahmen aus dem Wanderversicherungsausgleich von der knRV zur RV der Arbeiter und Angestellten spielen mit 0,2% in der RV der Arbeiter und Angestellten eine unbedeutende Rolle. Dies ist angesichts der Beschäftigungssituation und der daraus resultierenden Abwanderung der Beschäftigten **aus** dem Bergbau nicht verwunderlich.

[128] [KREIKEBOHM97], S. 806.

Bezüglich der Anteile der einzelnen Ausgabenbestandteile sind keine derartig markanten Unterschiede zwischen der RV der Arbeiter und Angestellten und der knRV in den alten Ländern festzustellen: Bei beiden Versicherungen belief sich 1996 der Anteil der Renten an den Ausgaben auf über 80% (85% in der knRV, 83% in der RV der Arbeiter und Angestellten), den zweitgrößten Posten bildeten die Ausgaben für die Kranken- und die Pflegeversicherung der Rentner mit 7% in der knRV und 6% in der RV der Arbeiter und Angestellten[129].

7.4 Die Bundeszuschüsse zur knRV und zur RV der Arbeiter und Angestellten

Mit fast 60% der Einnahmen stellt der Bundeszuschuß zur knRV den mit Abstand größten Einnahmenposten in der knRV dar. Im Jahre 1996 bezuschußte der Staat die knRV damit mit über 12 Mrd. DM. Bedenkt man, daß die Subventionen, die der Bund 1996 an den (Steinkohlen-)Bergbau zahlte, fast 10 Mrd. DM betrugen, wird die Größenordnung - und die Problematik - dieser Zuschüsse noch deutlicher.

Im Gegensatz dazu ist der Anteil des BZ an den Einnahmen der RV der Arbeiter und Angestellten relativ gering. Den höchsten Anteil an den Beitragseinnahmen erreichte er 1994 mit knapp 18%[130]. Bis 1996 ist er wieder auf 17% gesunken.

In den folgenden Abschnitten werden die beiden Bundeszuschüsse besonders hinsichtlich ihrer rechtlichen Grundlagen bzw. ihrer Zweckbestimmung voneinander abgegrenzt.

7.4.1 Die Defizithaftung in der knRV

7.4.1.1 Rechtliche Grundlagen In Abschnitt 2 wurde bereits darauf hingewiesen, daß die beiden Bundeszuschüsse unterschiedliche Entstehungsgeschichten haben: Während die reichsgesetzliche Alters- und Invaliditätsversicherung von Anfang an vom Staat bezuschußt wurde, erhielt die knRV erst ab 1929 offizielle Reichszuschüsse.

Der BZ an die knRV in seiner heutigen Form wurde mit der Rentenreform 1957 eingeführt. Der Bund verpflichtete sich damals, „die zur dauernden Aufrechterhaltung der Leistungen erforderlichen Mittel im Rahmen der vom Wirtschaftsrat eingeführten Defizithaftung zu gewähren“[131]. Bei der Rentenreform 1992 wurde der BZ ins SGB VI übernommen. Seitdem regelt §215 SGB VI die **Beteiligung des Bundes an der knappschaftlichen Rentenversicherung**:

> In der knappschaftlichen Rentenversicherung trägt der Bund den Unterschiedsbetrag zwischen den Einnahmen und den Ausgaben eines Kalenderjahres; er stellt hiermit zugleich deren dauernde Leistungsfähigkeit sicher.

[129] vgl. [DEUTSCHER BUNDESTAG97B], verschiedene Tabellen.
[130] vgl. [DEUTSCHER BUNDESTAG97B], Übersicht I 15, S. 157.
[131] [HERMANN86], S. 591.

Der Bund hat somit für die knRV die **Defizithaftung** übernommen und stellt mit seinen Zuschüssen unmittelbar den Bestand der knRV sicher. Über den BZ werden (regelgebunden) Jahr für Jahr die Einnahmen an die Ausgaben angepaßt.

7.4.1.2 Die Entwicklung des BZ zur knRV Durch den starken Rückgang der Versichertenzahl ist der BZ zur knRV in den letzten 20 Jahren stärker gestiegen als die Beitragseinnahmen. Sein Anteil an den Gesamteinnahmen hat sich jedoch nie stark verändert: Bereits 1977[132] betrug dieser Anteil fast 59%. Der höchste Anteil wurde im Jahr 1980 mit 61,9% erreicht. In den darauffolgenden Jahren sank dieser Anteil bis auf 56,9% (1986) ab und stieg dann wieder bis auf 60,5% (1993) an. Seitdem fällt er wieder. Bis zum Jahr 1992 lagen die Steigerungen des BZ über den Anstiegen der Gesamteinnahmen, seither nehmen die Gesamteinnahmen stärker zu als der BZ[133].

Den relativ stärksten Anstieg von allen Beitragskategorien verzeichnet seit 1978 aber der nicht mehr der BZ sondern die Wanderversicherung. Dies deutet darauf hin, daß viele Beschäftigte des Bergbaus auf die Strukturanpassungen mit einem Wechsel in andere Branchen reagiert haben.

Dies bestätigt sich auch in den Prognosen für die knRV[134]: Es ist abzusehen, daß die Zahl der im Bergbau Beschäftigten bis im Jahr 2040 stark abnehmen wird. Gleichzeitig wird im PROGNOS-Gutachten ein Rückgang der Rentenempfänger um 73% vorausgesagt. Dies würde bei einer Beitragssatzsteigerung auf 34,8% zu einer Zunahme der Gesamteinnahmen um 224% führen. Der BZ würde jedoch deutlich von absolut (relativ) über 12 Mrd. DM (59,1%) heute auf 9,2 Mrd. DM (12,8%) zurückgehen. Dieser Rückgang ist hauptsächlich auf den Anstieg der Einnahmen aus dem Wanderversicherungsausgleich zurückzuführen; dieser hätte bei dieser Datenkonstellation im Jahre 2040 einen Anteil von über 67% an den Gesamteinnahmen.

In der unteren Variante, d.h. bei einem Beitragssatz von 38% im Jahre 2040 würde der BZ noch beträchtlich niedriger ausfallen: Nur noch 2,3 Mrd. DM oder 4,5% der Gesamteinnahmen müßte der Bund im Rahmen der Defizithaftung an die knRV überweisen. In diesem Fall würde der Wanderversicherungsausgleich sogar über 72% zu den Gesamteinnahmen beitragen.

Trotz dieser positiven langfristigen Prognosen für den BZ zur knRV ist in der kurzen bis mittleren Frist nicht mit einem deutlichen Rückgang des BZ zu rechnen. Erst wenn der Beschäftigungsrückgang im Bergbau durch überproportional sinkende Rentenfälle ausgeglichen wird, dürfte sich das auch in einem zurückgehenden BZ niederschlagen. Solch eine Entwicklung ist bisher aber noch nicht abzusehen, in den bisher veröffentlichen Zahlen zeichnet sich noch nicht einmal eine Tendenz in diese Richtung ab.

---

[132] vgl. Abbildung 7.

[133] vgl. [DEUTSCHER BUNDESTAG96], Übersicht II 13, S. 208.

[134] vgl. [VDR95B], Tabelle 5.3-1, S. 120.

7.4.2 Keine Defizithaftung in der RV der Arbeiter und Angestellten

Im Gegensatz zur gesetzlich verankerten Defizithaftung in der knRV ist die Begründung des Bundeszuschusses an die RV der Arbeiter und Angestellten heute nicht mehr eindeutig.

Als der BZ mit der Rentenreform von 1957 in der Reichsversicherungsordnung (RVO) gesetzlich verankert wurde, wurde die Begründung für die Zuschüsse noch explizit genannt: §1389 RVO besagte, daß der „Bundeszuschuß zu den Ausgaben gewährt [wird], die nicht Leistungen der Alterssicherung sind“[135]. Mit der Rentenreform von 1992 und der damit verbundenen Aufnahme der Gesetze zur GRV ins 6. Buch des Sozialgesetzbuches (SGB) wurde diese Begründung aufgegeben. Zwar besagt §213 Abs. 1 SGB VI, daß der Bund „zu den Ausgaben der Rentenversicherung der Arbeiter und Angestellten Zuschüsse“ leistet, eine Zweckbindung dieser Zuschüsse erfolgt jedoch bewußt nicht.

Dennoch übernimmt der Bund eine „Bundesgarantie“, um die Leistungs- und Funktionsfähigkeit der RV der Arbeiter und Angestellten auf die Dauer zu garantieren. Diese Bundesgarantie manifestiert sich auch in der Zahlung von Bundeszuschüssen[136]. Diese Bundesgarantie darf jedoch keinesfalls verwechselt werden mit der Defizithaftung in der knRV: Zwar besteht die Maßgabe, daß der Bund die Liquidität kurzfristig durch den BZ sicherstellen kann, diese Finanzmittel sind aber wieder zurückzuzahlen.

Noch ein weiterer Unterschied besteht zwischen den beiden Zuschüssen: Während sich der BZ zur knRV automatisch durch die Differenz zwischen Einnahmen und Ausgaben bestimmt, steigt der BZ zur RV der Arbeiter und Angestellten regelgebunden im selben Ausmaß wie die Bruttoeinkommen. Es spielt also für die Höhe des BZ zur RV der Arbeiter und Angestellten keine Rolle, wie groß eine mögliche Differenz zwischen Einnahmen und Ausgaben ist. Deshalb können in der RV der Arbeiter und Angestellten sowohl Defizite als auch Überschüsse entstehen. Dies ist in der knRV nicht möglich.

Die Begründung des Bundeszuschusses an die RV der Arbeiter und Angestellten ist, soweit er über die Mittel im Rahmen der Bundesgarantie hinausgeht, heute weitgehende Interpretationssache; es hat sich die Auffassung durchgesetzt, daß die Zahlungen im Rahmen des Bundeszuschusses zur Finanzierung der sog. **versicherungsfremden Leistungen** eingesetzt werden sollen[137]. Da es sich hierbei nach allgemeiner Lesart um eben jene Aufgaben handelt, die nicht als Leistungen der Alterssicherung anzusehen sind, kann als Begründung für die Zuschüsse de facto die Begründung nach §1389 RVO übernommen werden.

7.4.3 Fazit

Bei den BZ zur knRV und zur RV der Arbeiter und Angestellten handelt es sich inhaltlich um zwei vollkommen unterschiedliche Arten von Zuschüssen: Der BZ zur knRV setzt

[135] [KÖSSLER82], S. 109.
[136] vgl. [VDR97B], S. 8.
[137] vgl. [EITENMÜLLER/HAIN96], S. 55ff.

automatisch ein und verändert seine Höhe ausschließlich nach der Differenz zwischen Einnahmen und Ausgaben eines Kalenderjahres. Er ist ein konstituierendes Element der knRV, denn ohne die Mittel aus dem BZ wäre die knRV schon seit Jahrzehnten nicht mehr lebensfähig. Die jährlich in der knRV auftretenden Defizite werden damit regelgebunden vom Bund gedeckt.

Anders in der RV der Arbeiter und Angestellten: Hier unterliegt der BZ zwar einer Regelbindung in Gestalt des Anstiegs mit dem Bruttoeinkommenswachstum, ein automatischer Ausgleich von Einnahmen und Ausgaben erfolgt hierdurch jedoch nicht. Ein BZ tritt hier regelgebunden nur in äußerten finanziellen Notlagen als kurzfristige Liquiditätshilfe ein. Ein solches Eingreifen war in den letzten zwanzig Jahren nur einmal (1985) notwendig.

Rechtlich gesehen gibt es für den BZ zur knRV auch keine Spielräume für Interpretationen gemäß des Verwendungszwecks oder der Höhe: Der BZ sichert den Bestand der knRV überhaupt erst ab. Dies ist in §215 SGB VI auch zweifelsfrei gesetzlich verankert. Durch den automatischen Ausgleich von Einnahmen und Ausgaben ist auch die Höhe zweifelsfrei festgelegt. Dadurch, daß das SGB VI aber keine eindeutige Zweckbindung des BZ zur RV der Arbeiter und Angestellten vorschreibt, ist hier die Höhe des BZ ein ständiger Diskussionspunkt.

Die beiden BZ sind also nicht miteinander zu vergleichen: der BZ zur knRV hat somit (de jure) einen anderen Charakter und eine andere Ausgestaltung als der BZ zur RV der Arbeiter und Angestellten.

7.5 Zusammenfassung: Die Sonderstellung der knRV

In den vorangegangenen Abschnitten wurde die Sonderstellung der knRV innerhalb des Systems der deutschen Alterssicherung herausgearbeitet. Diese Sonderstellung liegt zum einen in der besonderen Struktur der knRV als rein branchenbezogener, umlagefinanzierter Zweig der Rentenversicherung; dies resultiert in einer ungünstigen Mitglieder- und Finanzstruktur. Zum anderen entsteht die Sonderstellung durch die besondere Behandlung der Versicherten der knRV; dies drückt sich aus in zusätzlichen Rentenarten und höheren Renten. Um den Überblick über die Auswirkungen dieser Sonderstellung zu erleichtern, wurden die wichtigsten Kennzahlen der knRV-West für 1996 in Tabelle 10 denen der RV der Arbeiter und Angestellten gegenübergestellt.

Die Sonderstellung der knRV zeigt sich am klarsten im Anteil, den der BZ an den Gesamteinnahmen hat. Dieser BZ stellt die Existenz der knRV in jeder Periode automatisch durch die Angleichung der Einnahmen an die Ausgaben sicher. Der BZ zur RV der Arbeiter und Angestellten erfüllt dagegen nicht Aufgabe der Bestandssicherung, sondern dient als Einnahmenbestandteil „lediglich" der Finanzierung von Ausgaben, die auf Grund von Leistungsgewährungen entstehen, die nicht Aufgaben einer Alterssicherung sind.

In den nächsten Abschnitten wird zu prüfen sein, ob die unterschiedlichen Strukturmerkmale der knRV in Form der höheren Renten bzw. der besseren Rentenbezugsmöglichkeiten einen Einfluß auf den BZ haben. Sollte dies der Fall sein, muß geklärt werden, ob hierdurch nicht eine Subventionierung des Bergbaus über den Umweg der knRV möglich und gegeben ist.

Dies zu analysieren ist die Aufgabe des dritten Teils dieser Arbeit. Bevor dies geschieht, soll allerdings in einem kurzen Exkurs noch der Einfluß der Wiedervereinigung und des Zustroms von Aussiedlern auf die knRV erläutert werden.

Tabelle 10: Kennzahlen der GRV-West im Jahre 1996

		knRV		Arb/AngRV	
		absolut	in %	absolut	in %
Mitglieder		155.480		34.783.000[a]	
davon	• Versicherte unter Tage		46%		
Rentenbestand		708.062		16.119.921	
davon	• Renten wegen Alters	337.438	48%	10.366.330	64%
	• EU-/BU-Renten	60.509	9%	1.373.606	9%
	• Renten wegen Todes	296.542	42%	4.379.902	27%
	• KAL	13.524	2%		
Rentenfälle : Versicherte		455:100		46:100	
durchschnittliche Rentenhöhe in DM/Monat		2.385		1.220	
Einnahmen in Mio. DM		21.127		289.984	
davon	• Beitragseinnahmen	2.316	11%	236.036	81%
	• Bundeszuschuß	12.279	58%	49.246	17%
	• Wanderversicherung	5.815	28%	600	0,2%
Ausgaben in Mio. DM		21.127		288.022	
davon	• Renten	17.998	85%	238.694	83%
	• KV/PflV der Rentner	1.516	7%	16.839	6%
	• Wanderversicherung	600	3%	5.815	2%
	• KAL	455	2%		
Beitragssätze		25,5%		19,2%	
	• Arbeitnehmer	9,6%		9,6%	
	• Arbeitgeber	15,9%		9,6%	
Beitragsbemessungsgrenze					
	• jährlich (DM)	117.600		96.000	

Quelle: [DEUTSCHER BUNDESTAG97B]; [BMA97B], KOMPASS 4/1996; eigene Berechnungen.

[a] geschätzt

8 Exkurs: Der Einfluß der Wiedervereinigung und des Aussiedlerzustroms

8.1 Die Wiedervereinigung und das Rentenüberleitungsgesetz

8.1.1 Allgemeines

Im Einigungsvertrag wurde festgelegt, daß ab 1.1.1992 das SGB VI für die fünf neuen Länder gelten soll. Auf Grund der verschiedenen Rentenversicherungssysteme war es aber nicht möglich, alle Bestimmungen des SGB VI sofort auf die Gebiete der ehemaligen DDR zu übertragen. Deshalb wurde das Rentenüberleitungsgesetz (RÜG) geschaffen, um die verschiedenen Systeme zusammenzuführen. Die rechtlichen Voraussetzungen für die Überführung der Ostrenten in das Rentenrecht der alten Länder sind damit durch das „Übergangsrecht für Renten nach den Vorschriften des Beitrittsgebiets (RÜG)“ im SGB VI geschaffen worden. Danach werden Renten, die schon vor dem 31.12.1991 bestanden haben, im Prinzip nach dem westdeutschen Rentenrecht auf den jeweiligen Rentenbetrag Ost umgerechnet. Ist die neu berechnete Rente am 31.12.1991 niedriger als die bisher nach altem (DDR) Recht bezahlte Rente, so wird ein Auffüllbetrag geleistet, der diese Differenz ausgleicht[138].

Für Versicherte, deren Renten zwischen dem 1. Januar 1992 und 31. Dezember 1996 beginnen, wurde im RÜG ein Bestandsschutz eingebaut. Für diese Personen muß bis Ende 1996 das Rentenrecht der ehemaligen DDR beachtet werden. Sie haben also Anspruch auf Rente sowohl nach SGB VI als auch nach ehemaligem DDR-Rentenrecht. Nach §45 RÜG wird dann jeweils die höhere der beiden Renten gewährt.

Auch in der ehemaligen DDR hatte der Bergbau eine Sonderstellung innerhalb des industriellen Komplexes. Um Arbeitskräfte für den Bergbau zu gewinnen und um die größeren körperlichen und gesundheitlichen Belastungen der Arbeit unter Tage auszugleichen, garantierte der Gesetzgeber, daß die Altersrenten für Bergleute um 1/3 über den sonst gezahlten Renten zu liegen hatten.

Schwierigkeiten bereitet der Übergang von bergmännischen DDR-Rentenrecht auf knappschaftliches Rentenrecht nicht zuletzt deshalb, weil der Begriff der „bergmännischen Tätigkeit“ - diese war für die Gewährung einer bergmännischen Rente in der ehemaligen DDR entscheidend - nicht gänzlich mit den knappschaftlichen Tätigkeiten i. S. des §138 SGB VI gleichzusetzen ist. Da die „bergmännische Tätigkeit“ weiter gefaßt wurde als die „knappschaftlichen Arbeiten“, würden bestimmte Arbeiten und Betriebe, die nach DDR-Recht unter die bergmännische Versicherung fielen, nicht mehr knappschaftlich versichert werden können.

Zumindest für eine Übergangszeit bis Ende 1996 wurde diesen Diskrepanzen im RÜG dadurch Rechnung getragen, daß bis 31.12.1996 für die rentennahen Jahrgänge eine Be-

[138] vgl. [RULAND91], S. 526 und §315a SGB VI.

sitzschutzregelung beschlossen wurde, die eine Gewährung bergmännischer Renten nach DDR-Recht zuläßt, und zwar auch dann, wenn diese Tätigkeiten nicht der Definition knappschaftlicher Tätigkeiten nach §138 SGB VI entsprechen[139]. Demzufolge enthält auch das RÜG eine Fülle von Bestimmungen, die auf die Sonderbehandlung bergmännischer Tätigkeiten abstellt: Von den insgesamt 45 Paragraphen beschäftigen sich 8 unmittelbar und 13 mittelbar mit der Rentenversicherung der Bergleute.

In Anlehnung an das Rentenrecht der DDR wurden auch im RÜG bergmännische Rentenarten wie z.B. die **Bergmannsalters-** oder die **Bergmannsvollrente** aufgenommen. Diese Rentenarten ermöglichten den Bergleuten ähnlich wie in der knRV einen früheren Rentenbezug als in der allgemeinen Rentenversicherung. Auch bei der Rentenhöhe hatten die Bergleute in der DDR Vorteile gegenüber den Versicherten anderer Branchen. Die entsprechenden Regelungen wurden ebenfalls in RÜG übernommen.

Ein Vergleich der RÜG-Renten mit den knappschaftlichen Renten für die alten Länder gestaltet sich schwierig, da die Bestimmungen und Anspruchsvoraussetzungen zwar ähnlich, aber doch nicht gleich sind. Erst ab 1.1.1997 wurde die Rechtsgleichheit endgültig hergestellt. Danach entfallen auch alle Ansprüche auf eine bergmännische Rente, wenn sie nicht nach den Vorschriften des SGB VI als knappschaftlich gilt.

8.1.2 Rentenbestand und Rentenhöhen in der knRV-Ost

Der zahlenmäßige Einfluß der Wiedervereinigung bezüglich der Versichertenzahlen, dem Gesamtrentenbestand und der Einnahmen- und Ausgabenbestandteile in der knRV-Ost wurde bereits in Abschnitt 3.3 dargestellt. In Tabelle 11 wird der Rentenbestand auf die einzelnen Rentenarten aufgeteilt und der knRV-West gegenübergestellt.

Auffällig ist, daß der Anteil der RÜG-Renten in der knRV-Ost mit 1,2% sehr niedrig ist. Bisher haben fast alle bergmännisch Versicherten Renten nach dem SGB VI in Anspruch genommen. Besonders deutlich zeigt sich das bei der Rente für Bergleute wegen Vollendung des 50. Lebensjahres: diese Rentenart wird von den Versicherten in den neuen Ländern sechs mal häufiger bezogen als von den Versicherten der knRV-West.

Die **höchste Rente**, die die knRV-Ost 1996 auszahlt, ist die Altersrente für langjährig unter Tage beschäftigte Bergleute mit DM 2.653,41; dies entspricht 76% der jeweiligen West-Rente. Die niedrigste Rente ist die Rente für Bergleute wegen verminderter Berufsfähigkeit im Bergbau mit DM 383,56 (87% der jeweiligen West-Rente). Die Ost-Rente, die der jeweiligen West-Rente schon am nächsten angeglichen wurde, ist die Rente für Bergleute wegen Vollendung des 50. Lebensjahres: Sie beträgt DM 1.090,94 Ost im Vergleich zu 1.205,43[140]. Das **Gesamtversichertenrentenniveau** der Versicherten der knRV-Ost betrug nach der Rentenanpassung im Januar 1996 77% der West-Renten[141].

[139]vgl. [Busch94], S. 20 und 27.
[140]vgl. [Deutscher Bundestag97b], Übersicht II 7, S. 184.
[141]vgl. Kompass 2/1996, S. 110.

Tabelle 11: Vergleich Rentenbestand Ost und West - 1996

	knRV-Ost		knRV-West	
	absolut	in %	absolut	in %
1. Renten wegen Alters	179.379	58,4	337.438	47,7
• AR für langjährig unter Tage beschäftigte Bergleute	1.646	0,5	6.319	0,9
2. EU-/BU-Renten	29.280	9,5	60.509	8,5
• Rente für Bergleute wegen im Bergbau verminderter Berufsfähigkeit	4.295	1,4	9.742	1,4
• Rente für Bergleute wegen Vollendung des 50. Lebensjahres	9.104	3,0	2.847	0,4
= Versichertenrenten	208.659	67,9	397.947	56,2
3. Renten wegen Todes	94.384	30,7	296.542	41,9
4. RÜG-Renten	3.773	1,2	49	0,0
5. KAL	341	0,1	13.524	1,9
Gesamt	**307.157**	**100**	**708.062**	**100**

Quelle: [BMA97B], Tabelle 96, S. 143; eigene Berechnungen.

8.1.3 Fazit

Die vorherigen Abschnitte machen deutlich, welche Bedeutung dem Bergbau auch in der ehemaligen DDR zugemessen wurde. Damit fällt der knRV eine geschlossene Gruppe von Versicherten zu. Deren Sonderbehandlung wird weitgehend durch die Bestimmungen des RÜG und des SGB VI weiter bestehen bleiben, einige Versicherte werden allerdings aus dem Kreis der Anspruchsberechtigten für Knappschaftsrenten herausfallen.

Die Wiedervereinigung hat der knRV in den ersten Jahren nach der Rechtsangleichung eine starke Zunahme an Versicherten „beschert“. Dadurch konnte sich das gesamtdeutsche Verhältnis zwischen Rentenfällen und Versicherten verbessern. Da sich die Zahl der Versicherten aber auf Grund des radikalen Umbaus der Wirtschaft in den fünf neuen Ländern seit 1991 mehr als halbiert hat, hat sich dieses Verhältnis auch wieder stark verschlechtert. Dennoch lag der gesamtdeutsche Rentenfallquotient mit 415 Rentenfällen pro 100 Versicherten 1996 noch immer unter dem westdeutschen mit 455:100. Damit hatte die Wiedervereinigung bis heute einen positiven Einfluß auf die knRV insoweit, als daß sie der knRV mehr Versicherte als Rentenfälle zuführte.

Dieser positive Einfluß könnte sich allerdings bald in einen negativen umkehren, wenn der Beschäftigungsabbau im selben Tempo weitergeht wie bisher. Da die Anpassungsprozesse noch nicht abgeschlossen sind, kann bisher noch keine endgültige Aussage darüber getroffen werden, ob die Wiedervereinigung der knRV letztendlich schadet oder nützt.

8.2 Die Aussiedler und das Fremdrentengesetz (FRG)

Nach §1 FRG werden Vertriebene im Sinne des §1 des Bundesvertriebenengesetzes und Deutsche im Sinne des Art. 116 GG, also „Flüchtlinge und Vertriebene deutscher Volkszugehörigkeit...", d.h. Aus- und Übersiedler im deutschen Rentenrecht nicht schlechter gestellt als einheimische Versicherte. Beitrags- und Beschäftigungszeiten, die der Versicherte im Herkunftsgebiet zurückgelegt hat, werden demnach wie deutsche Zeiten behandelt[142], wobei die Beschäftigung, aus der diese Beitragszeiten entstanden, der deutschen Beschäftigung ebenfalls gleichsteht.

Für Aussiedler bedeutet das, daß sie nach ihrer Übersiedlung in die Bundesrepublik behandelt werden, als hätten sie ihre Tätigkeit in der Bundesrepublik ausgeübt. Daher haben Versicherte, die im Herkunftsgebiet knappschaftliche Tätigkeiten im Sinne des §138 SGB VI ausgeübt haben, Anspruch auf eine der knappschaftlichen Renten nach dem SGB VI, auch wenn sie im Herkunftsgebiet keine Beiträge an eine entsprechende bergbauliche Versicherung entrichtet haben. Die Ausübung einer solchen knappschaftlichen Beschäftigung muß für eine Anerkennung als Knappschaftsversicherter dabei lediglich „glaubhaft" gemacht werden[143].

Wie hoch der Anteil der durch die Bundesknappschaft zu betreuenden Versicherten und Rentner, die als Aussiedler nach Deutschland kamen, tatsächlich ist, läßt sich nur ungefähr abschätzen. Um eine Einordnung der Problematik zu ermöglichen, sei kurz auf verschiedene Aspekte der Aussiedlung eingegangen.

1. Zwischen 1987 und 1994 sind fast 2 Mio. Aussiedler aus den Republiken der ehemaligen Sowjetunion, Polen, Rumänien, der ehemaligen CSSR und anderen Gebieten nach Deutschland eingewandert. Fast 400.000 kamen alleine 1990[144].

2. Bis 1989 kam mit über 60% der größte Anteil der Aussiedler aus Polen. Seither haben sich die Anteile vollkommen verschoben: Im Jahre 1993 kamen fast 95% der Aussiedler aus den Gebieten der ehemaligen Sowjetunion, nur noch 2,5% aus Polen und 2,7% aus Rumänien[145].

3. Mit Ausnahme von Rumänien gehören die Herkunftsländer der Aussiedler zu den wichtigsten Bergbauländern.

4. Die Beschäftigungsquoten im Bergbau sind in allen Herkunftsländern mit Bergbau höher als in der Bundesrepublik Deutschland: 1990 waren in der CSFR 3,2% aller

---

[142] vgl. [MOSER94], S. 675.

[143] Diese „Glaubhaftmachung" läßt den betroffenen Aussiedlern viel Gestaltungsspielraum. Einige Gerichte sind derzeit damit beschäftigt, die oft undurchsichtigen Anspruchsvoraussetzungen zu prüfen, da sich die Bundesknappschaft in diversen Fällen weigert, die Ansprüche anzuerkennen.

[144] zum Vergleich: In den 36 Jahren zwischen 1950 und 1986 betrug die Gesamtzahl nur 1,34 Mio.; vgl. [STATISTISCHES BUNDESAMT94B]. Allerdings hatte die Vertreibungswelle nach dem 2. Weltkrieg bis 1950 rund 8 Mio. Deutschstämmige ins Land gebracht; vgl. [BARABAS92], S. 137.

[145] vgl. [STATISTISCHES BUNDESAMT94B].

Erwerbstätigen im Bergbau beschäftigt, 1991 waren es in Polen 2,9%, in Rumänien 2,6%. In Weißrußland entfiel 1992 mit über 30% der größte Anteil auf den Bergbau[146].

5. Eine berufliche Integration der früher im Bergbau beschäftigten Aussiedler hat in der Bundesrepublik nicht stattgefunden. Z.B. hat die Ruhrkohle AG im Jahr 1991 insgesamt nur 140 Arbeitskräfte vom Arbeitsmarkt eingestellt[147]. Es ist unwahrscheinlich, daß andere Firmen des Steinkohlen- oder des Braunkohlenbergbaus einen größeren Arbeitskräftebedarf hatten, und diesen auf dem Arbeitsmarkt befriedigten und damit Aussiedler einstellten. Diese Einschätzung wurde von Vertretern der Bundesknappschaft und der Ruhrkohle AG bestätigt.

Da keine berufliche Integration von Aussiedlern in Bergbauberufen stattgefunden hat, fällt der knRV die Position des Nettorentenzahlers zu, d.h. sie muß im Rahmen des FRG für Renten aufkommen, denen keinerlei Einnahmen gegenüberstehen.

Für die RV der Arbeiter und Angestellten besteht bezüglich der Beachtung des FRG natürlich der gleiche Sachverhalt. Dennoch sieht die Situation in diesem Fall ungleich günstiger aus: Bedenkt man, daß im allgemeinen Arbeitsmarkt (ohne Bergbau) durchaus eine (wenn auch nur teilweise) Integration von Aussiedlern stattgefunden hat[148], so stehen den zu zahlenden Renten wenigstens zum Teil auch Einnahmen in Form von Beiträgen durch erwerbstätige Aussiedler gegenüber.

Damit ist die knRV durch das FRG überdurchschnittlichen Belastungen ausgesetzt. Die genaue Höhe dieser Belastungen kann nur geschätzt werden. Im Rahmen einer Schätzung über versicherungsfremde Leistungen in der knRV aus dem Jahre 1995 ergab sich eine finanzielle Belastung durch die Fremdrenten von 1,7 Mrd. DM bzw. 8,4% der Gesamtausgaben der knRV-West[149].

Einen weiteren Eindruck von den Größenordnungen dieser Belastung besonders im Vergleich zur RV der Arbeiter und Angestellten vermitteln Daten über die Anzahl der Renten mit Anwendung des Fremdrentenrechtes: Insgesamt entfielen 1993 von allen GRv-Renten mit Anwendung des Fremdrentenrechtes 9% der auf die knRV-West, 91% auf die RV der Arbeiter und Angestellten[150]. Im selben Jahr waren in der knRV allerdings nur 0,5% aller Versicherten der GRV versichert. Der Anteil der in der knRV-West bezahlten Fremdrenten liegt somit 18 mal höher als der Anteil der Versicherten. Dies bestätigt die These, die knRV sei im Vergleich mit der RV der Arbeiter und Angestellten in der Position eines Nettozahlers.

---

[146] vgl. [ILO93], Tabelle 3b.

[147] 63% aller Arbeitskräfte im deutschen Steinkohlebergbau waren 1991 bei der Ruhrkohle AG (RAG) beschäftigt; dazu [RUHRKOHLEAG94B], Grafik „Personalentwicklung RAG 1991". Die RAG ist mit Abstand der größte Arbeitgeber im Steinkohlenbergbau.

[148] Immerhin waren 1994 noch 51% der in den Jahren 1991-1993 zugewanderten Aussiedler in Arbeit; vgl. [DIW35/94], S. 615.

[149] vgl. Abschnitt 11.1.3.

[150] vgl. [VDR95A], Tabelle 11.10 Z, S. 105.

Teil III

Der Bundeszuschuß zur knRV: Subventionen an den Bergbau?

Im letzten Teil wurde festgestellt, daß sich die Unterschiede zwischen der knRV und der RV der Arbeiter und Angestellten an den unterschiedlichen Größenordnungen der beiden Bundeszuschüsse festmachen lassen: Über die Bundeszuschüsse erhalten beide Versicherungszweige staatliche Transfers in beträchtlichem Ausmaß. Bezieht man die Höhe der Transfers beispielsweise auf die Anzahl der Versicherten, so „erhielt" jeder Versicherte der knRV im Jahre 1996 DM 79 als Bundeszuschuß, jeder Versicherte der RV der Arbeiter und Angestellten dagegen nur DM 1,42.

Die eigentliche Analyse zur Subventionierung des Bergbaus über den BZ zur knRV erfolgt in mehreren Schritten:

- Im 1. Schritt werden die Untersuchungen vorgestellt, die sich bisher mit der Subventionierung im Zusammenhang mit der knRV befaßt haben. In diesem Zusammenhang wird besonders deutlich, wie wichtig die Wahl der Subventionsabgrenzung für den Fortgang der Untersuchung ist.
- Deshalb erfolgt im 2. Schritt die Wahl der für die Analyse geeigneten Subventionsabgrenzung.
- Im 3. Schritt werden auf der Grundlage der Abgrenzung der jeweiligen rechtlichen Vorschriften die Bundeszuschüsse zur knRV und zur RV der Arbeiter und Angestellten voneinander abgegrenzt. Dabei wird die Frage diskutiert, ob die Beitragszahler der knRV durch den BZ höhere oder die gleichen Transfers erhalten, d.h. ob sie „bessergestellt" werden, als die Beitragszahler der RV der Arbeiter und Angestellten.
- Im 4. Schritt der Analyse werden die festgestellten Unterschiede daraufhin untersucht, ob sie als Ursache allokativer Verzerrungen oder aber als Ausgleich anders verursachter Verzerrungen anzusehen sind. Es geht also darum festzustellen, ob durch den BZ „verursachergerecht" Belastungen ausgeglichen werden. Ist dies der Fall, so kann eine mögliche Subventionierung des Bergbaus über den Umweg der knRV verneint werden.

9 Bisherige Untersuchungen zur Subventionierung der knRV

Bis jetzt exisistieren vier Untersuchungen, die sich mit Subventionen im Bereich der Knappschaftsversicherung beschäftigen. Sie konzentrieren sich ausschließlich auf die knRV.

9.1 Die Untersuchung von EBERT und das Modell von HELD/WETTLAUFER

Zur Untersuchung möglicher Subventionen, die die knappschaftliche Rentenversicherung erhält, teilt EBERT[151] die Rentenausgaben der knRV des Jahres 1987

- in Standardleistungen und Zusatzleistungen und
- in Ausgaben für die normale und die besondere Alterslast.

Standardleistungen sind die Leistungen, die sowohl in der knRV als auch der RV der Arbeiter und Angestellten in gleicher Weise geleistet werden, Zusatzleistungen sind die Leistungen, die von der knRV darüber hinaus gezahlt werden. Die besondere Alterslast entsteht dadurch, daß die knRV durch die ungünstige Relation von Rentnern zu Beitragszahlern im Vergleich zur RV der Arbeiter und Angestellten großen finanziellen Belastungen ausgesetzt ist.

Zuerst schätzt EBERT den Anteil der Normallast an den Standardleistungen sowie den Zusatzleistungen der knRV, dann den Anteil der besonderen Alterslast an beiden Leistungsarten. Dann stellt er die Frage, ob und wenn ja, in welchem Ausmaß der hohe Bundeszuschuß an die knRV durch die besondere Alterslast oder die Zusatzleistungen an die knRV determiniert wird. Zu diesem Zweck berechnet er mithilfe von vier unterschiedlichen Ansätzen den sog. „Leistungsniveauneutralen Bundeszuschuß", d.h. den Regelzuschuß für die Normallast (angelehnt an den Bundeszuschuß zur RV der Arbeiter und Angestellten) und die besondere Alterslast an Standardrenten, und die „Bundessubventionen für Zusatzrenten der knRV". Je nach Wahl der Methode ergeben sich als Subventionen der knRV bezogen auf das Jahr 1987 zwischen 2,7 und 3,9 Mrd. DM bzw. 42 bis 52% des Bundeszuschusses. Zieht man hiervon noch die Ausgaben ab, die auf die besondere Alterslast entfallen, so erhält EBERT immerhin noch zwischen 0,9 und 1,2 Mrd. DM, die die knRV als Subventionen erhielte, wenn sie eine ähnliche Struktur zwischen Rentnern und Beitragszahlern hätte wie die RV der Arbeiter und Angestellten.

Das Modell von Held und Wettlaufer[152] ist die unmittelbare (und kritische) Antwort auf die Untersuchung von EBERT. Mit Hilfe zweier Methoden von EBERT, die von HELD/WETTLAUFER allerdings „im Sinne eines logischen Aufbaus"[153] modifiziert wurden, werden als Bundessubventionen für Zusatzrenten Werte zwischen 2,4 und 2,5 Mrd. DM ermittelt. Die Bundessubventionen, die dabei auf die Normallast entfallen (d.h. der Anteil der Subventionen, die die knRV erhielte, wenn sie die gleiche Struktur zwischen

[151] vgl. [EBERT88], S. 208ff.
[152] vgl. [HELD/WETTLAUFER88], S. 275.
[153] [HELD/WETTLAUFER88], S. 281.

Rentnern und Beitragszahlern aufwiese wie die RV der Arbeiter und Angestellten) liegen dabei lediglich zwischen 349 und 372 Mio. DM. Die Ergebnisse liegen also deutlich unter denen, die EBERT für das gleiche Jahr ermittelte.

9.2 Das Modell von FRITZSCHE

FRITZSCHE[154] geht in seinem Modell zur Abschätzung der Subventionskomponente in der knRV andere Wege. Er teilt die Sonderregelungen der knRV in Leistungen im Rahmen der sog. Bifunktionalität und Leistungen im Rahmen der bergbauspezifischen Sonderregelungen. Unter Bifunktionalität ist dabei eine Zusatzversicherung zu verstehen, die über die „Grundsicherung" der RV der Arbeiter und Angestellten hinausgeht. Außerhalb des Bergbaus wird eine solche Zusatzversicherung im Rahmen von privatrechtlichen betrieblichen Altersversorgungssystemen gewährt, im Bergbau wird sie aber im Rahmen einer sozialversicherungsrechtlichen Alterssicherung unter dem Dach der knRV geleistet. Diese Bifunktionalität besteht im einzelnen darin, daß die Versicherten höhere Beiträge zu entrichten haben, sie aber auch höhere Renten beziehen.

FRITZSCHE legt seiner Betrachtung einen „handlungsorientierten Subventionsbegriff" zugrunde. Dieser baut auf dem Kriterium der Gewährung auf. Subventionen bestehen nach diesem Diktum nur dann, wenn eine im Rahmen einer Subvention enthaltene Leistung auch wieder entzogen werden kann. Damit schließt er die Behandlung der besonderen Alterslast vollständig aus seinen Betrachtungen aus, da die in der Vergangenheit erworbenen Rentenansprüche grundgesetzlich geschützt sind und nach geltendem Recht nicht mehr entzogen werden können. Die Bestimmung des Subventionsgehaltes der knRV beschränkt sich demnach ausschließlich auf die künftigen Rentenansprüche[155].

FRITZSCHE schätzt sowohl für die Bifunktionalität als auch für die bergbauspezifischen Sonderregelungen eine Leistungs- und Abgabenkomponente der künftigen Rentenleistungen. Die Leistungskomponente besteht dabei in einem künftigen Rentenanspruch, die Abgabenkomponente in einer aktuellen Zahlungsverpflichtung. Die Differenz zwischen Leistungs- und Abgabenkomponente bestimmt dann den Subventionsgehalt. Für das Jahr 1990 ergibt sich für die Bifunktionalität ein Subventionsgehalt von -320 bis 0 Mio. DM, für die bergbauspezifischen Sonderregelungen von 0 bis +340 Mio. DM. Insgesamt beträgt der Subventionsgehalt der knappschaftlichen Sonderregelungen damit zwischen -320 Mio. und +340 Mio. DM.

9.3 Die Untersuchung von HOFMANN

HOFMANN[156] stellt in seiner Untersuchung über die Subventionierung der knRV einerseits auf die Unterscheidung zwischen allgemeinen und knappschaftsspezifischen Leistungen

[154] vgl. [FRITZSCHE91].
[155] vgl. [FRITZSCHE91], S. 306.
[156] vgl. [HOFMANN92].

sowie die Bestimmung der besonderen Alterslast für beide Komponenten ab: die besondere Alterslast für die Standardleistungen bestimmt sich daraus, daß von den gesamten Standardleistungen ein sog. „Regelbundeszuschuß"[157] ebenso wie die „Regelbeitragseinnahme"[158], abgezogen wird.

Auf der Basis der Daten von 1991 entfallen nach seiner Rechnung von den knappschaftlichen Allgemeinleistungen von 8,2 Mrd. DM 4,7 Mrd. DM auf die besondere Alterslast, bei den knappschaftlichen Sonderleistungen von 3,1 Mrd. DM ergibt sich eine besondere Alterslast von 2,2 Mrd. DM. Zieht man von den verbleibenden Standardleistungen den Regelbundeszuschuß von 1,7 Mrd. DM und die Beitragseinnahmen von 1,9 Mrd. ab, so erhält HOFMANN einen potentiellen Subventionsanteil bei den allgemeinen Leistungen von 0. Zieht man von den verbleibenden knappschaftlichen Sonderleistungen die Beitragseinnahmen von 621 Mio. DM ab, ergibt sich ein Subventionsanteil von 260 Mio. DM. Dies sind in seiner Untersuchung die gesamten Subventionen, die die knRV erhält.

9.4 Zusammenfassung und kritische Würdigung

In Tabelle 12 werden die Ergebnisse der dargestellten Untersuchungen noch einmal gegenübergestellt.

Tabelle 12: Subventionen der knRV in Mio. DM

	Max	Min
EBERT (1987)	1.224	960
HELD/WETTLAUFER (1987)	373	349
FRITZSCHE (1990)	-320	340
HOFMANN (1991)		260

Quelle: [EBERT88], S. 211, [HELD/WETTLAUFER88], S. 282 [FRITZSCHE91], S. 321, [HOFMANN92], S. 545.

Tabelle 12 zeigt, daß eine beträchtliche Bandbreite zwischen den Ergebnissen besteht. Die Tatsache, daß die Berechnungen aus unterschiedlichen Jahren stammen, hat dabei wenig Einfluß auf diese Schlußfolgerung, im Gegenteil: Unter Zugrundelegung aktueller Daten dürften zwar alle Angaben etwas höher liegen, an den Verhältnissen sollte sich aber nur dahingehend etwas geändert haben, als daß die Ergebnisse von 1987 relativ zu den neueren Berechnungen noch etwas höher ausfallen sollten. Damit vergrößert sich die Bandbreite nur noch weiter. Es fällt ebenfalls auf, daß die Ergebnisse doch mit Ausnahme der Untersuchung von EBERT so niedrig liegen, daß praktisch nicht von einer Subventionierung der knRV gesprochen werden kann.

Zu den Untersuchungen ist kritisch anzumerken:

[157] also der Anteil, den der Bundeszuschuß an den Einnahmen der RV der Arbeiter und Angestellten hat

[158] Dies sind die Beitragseinnahmen, die sich ergeben, wenn der Beitragssatz der RV der Arbeiter und Angestellten auf die knappschaftlich Versicherten angewendet wird.

1. In allen Untersuchungen wird ausschließlich die Frage nach der Subventionierung der knRV behandelt. Es werden keine Aussagen darüber getroffen, ob über eine Subventionierung der knRV auch die Unternehmen des Bergbaus begünstigt werden. Dies ist jedoch die eigentlich entscheidende Frage.

2. Bei EBERT und HELD/WETTLAUFER werden keinerlei Angaben über den verwendeten Subventionsbegriff gemacht. Was unter „Subventionierung" zu verstehen ist, bleibt dabei völlig im dunklen.

3. Der sog. „handlungsorientierte Subventionsbegriff" bei FRITZSCHE ist nicht schlüssig zur Beantwortung der Frage nach der Subventionierung der knRV. Erstens orientiert sich dieser Subventionsbegriff an juristischen Grundsätzen und läßt ökonomische Zusammenhänge außer Acht. Zweitens sind auch die Schlußfolgerungen, die er aus dem Kriterium der Gewährung für die weitere Arbeit daraus zieht, nur bedingt zutreffend: Zwar schützt das GG erworbene Rentenansprüche, dieser Schutz erstreckt sich allerdings nur auf den Bestand dieser Ansprüche, nicht aber auch auf deren **Höhe**. Dies bedeutet, daß bestimmte Anteile der Rentenzahlung durchaus auch entziehbar sind[159]. FRITZSCHES Subventionsabgrenzung erlaubt es daher nicht, die gesamte besondere Alterslast aus der Subventionsanalyse auszuschließen, denn die in der Vergangenheit erworbenen Rentenansprüche sind eben auch nur der Form und nicht der absoluten Höhe nach grundgesetzlich geschützt. Genaugenommen müßten nach seiner Subventionsabgrenzung die in der Vergangenheit erworbenen Rentenansprüche in einen entziehbaren und einen nicht entziehbaren Teil aufgespalten werden. Der entziehbare Teil müßte dann weiterhin auf seine Subventionsbestandteile untersucht werden.

4. Besonders bei HOFMANN drängt sich der Verdacht der „Befangenheit" des Verfassers auf: Dieser war zum Zeitpunkt seiner Veröffentlichung bei der Bundesknappschaft beschäftigt. Sein Artikel erschien ebenfalls im KOMPASS, dem Zentralorgan der Bundesknappschaft und der Bergbau-Berufsgenossenschaft.

Besonders aus Punkt 3 wird deutlich, wie wichtig die eindeutige Festlegung auf einen **brauchbaren** Subventionsbegriff ist. Der von Fritzsche gewählte Subventionsbegriff wirft nicht nur Zweifel darüber auf, ob er zur Analyse der Subventionierung der knRV geeignet ist, m.E. nach ergeben sich auch bei genauer Auslegung Probleme bei der Quantifizierung der entziehbaren bzw. nicht entziehbaren Teile der bestehenden Rentenzahlungen.

Um diese Schwierigkeiten zu vermeiden, wird im folgenden Abschnitt eine Subventionsabgrenzung abgeleitet, mit deren Hilfe es möglich ist, die Transfers im Rahmen des BZ zur knRV daraufhin zu untersuchen, ob sie als Subventionen an die Unternehmen des Bergbaus über den Umweg der knRV angesehen werden können oder nicht.

---

[159]Nichts anderes geschieht z.B., wenn die ausgezahlten Renten nicht mehr im selben Ausmaß steigen wie die Nettolöhne. Dies führt letztendlich zu einer Senkung des Rentenniveaus der bestehenden Renten.

10 Die Subventionsabgrenzung

In der Bundesrepublik Deutschland existiert keine allgemeingültige Subventionsabgrenzung. Deshalb gibt es auch keinen einheitlichen Katalog von Kriterien, anhand dessen die Frage beantwortet werden kann, ob eine wirtschaftspolitische Maßnahme eine Subvention darstellt. Die Begriffsvielfalt ist reichhaltig und nicht selten verwirrend. Auch die finanzwissenschaftliche Literatur bietet hier keine eindeutige Hilfe an, obwohl es eine umfangreiche Literatur darüber gibt, wie eine Subvention zu definieren ist. Letztlich tendiert „der Grenzertrag der Diskussion über Subventionsbegriffe vielfach gegen Null [...], (ist) nicht selten sogar negativ“[160].

Abschnitt 9 hat jedoch gezeigt, wie wichtig eine eindeutige Subventionsabgrenzung für das Untersuchungsziel ist. Zur Subventionsabgrenzung bieten sich zwei unterschiedliche Möglichkeiten an[161]:

1. Die instrumentbezogene Abgrenzung
2. Die problembezogene Abgrenzung

Im ersten Fall liegt der Schwerpunkt der Subventionsabgrenzung auf der Bestimmung von Subventionsgeber, Subventionsnehmer und Subventionsform. Bei der zweiten Möglichkeit steht die Analyse der Wirkungen bzw. der Ziele, die mit einer Subvention erreicht werden sollen, im Vordergrund.

Die Abgrenzung des Subventionsbegriffes ist eine Frage der „Zweckmäßigkeit“, d.h. sie muß sich am Untersuchungsziel orientieren[162]. Die vorliegende Arbeit hat es sich zur Aufgabe gemacht, festzustellen, ob im Bundeszuschuß zur knRV Subventionsbestandteile vorhanden sind. Die Problemlösung erfordert jedoch noch eine genauere Eingrenzung des Untersuchungszieles.

Eine für die vorliegende Arbeit zweckmäßige Subventionsabgrenzung knüpft deshalb an folgender Fragestellung an: **Wird durch die Zahlungen an die knRV im Rahmen der Bundeszuschusses die Allokation innerhalb des Energiesektors und/oder innerhalb des gesamten Unternehmenssektors verzerrt? Wird durch diese Zahlungen also die laufende Produktion der Bergbauunternehmen beeinflußt?** Diese Fragestellung zielt auf die Wirkung des BZ ab, sie läuft auf eine problembezogene Subventionsabgrenzung hinaus.

Eine zur Beantwortung dieser Fragestellung geeignete Subventionsabgrenzung kann entweder eigens abgeleitet werden, oder es kann auch eine der bestehenden Subventionsabgrenzungen zweckmäßig im Sinne der Problemlösung sein. Im folgenden Abschnitt werden

[160] [Hansmeyer77], S. 961.
[161] vgl. [Trojanus95], S. 40ff.
[162] vgl. [Andel77], S. 491.

die drei, in der deutschen Subventionserfassungspraxis gängigen Subventionsabgrenzungen vorgestellt. Dabei zeigt sich, daß die Subventionsabgrenzung i.S.d. Strukturberichte als die Zweckmäßigste erscheint und damit eine „eigene" Subventionsabgrenzung nicht notwendig ist.

10.1 Die offiziellen Subventionsabgrenzungen

In Deutschland existieren drei „offizielle" Subventionsabgrenzungen:

1. Abgrenzung i.S.d. **Volkswirtschaftlichen Gesamtrechnung (VGR)** durch das STATISTISCHE BUNDESAMT.
2. Abgrenzung i.S.d. **Subventionsberichte** durch die BUNDESREGIERUNG.
3. Abgrenzung i.S.d. **Strukturberichterstattung** durch die WIRTSCHAFTSWISSENSCHAFTLICHEN FORSCHUNGSINSTITUTE.

10.1.1 Subventionen i.S.d. VGR

Subventionen im Sinne der Volkswirtschaftlichen Gesamtrechnung (VGR) sind **Zuschüsse in Form von tatsächlichen Geldleistungen**, „die der Staat im Rahmen der Wirtschafts- und Sozialpolitik an Unternehmen für laufende Produktionszwecke gewährt, sei es zur Beeinflussung der Marktpreise oder zur Stützung von Produktion und Einkommen"[163]. Ausgewiesen werden sie als Ausgaben des Staates unter der Rubrik *laufende Übertragungen*. Subventionsgeber ist also der *Staat*. Dieser umfaßt hierbei alle Gebietskörperschaften, d.h. den Bund einschl. Lastenausgleichsfonds und die Sondervermögen des ERP, die Länder einschl. der Stadtstaaten, die Gemeinden, den Ausgleichsfonds zur Sicherung des Steinkohleneinsatzes (Kohlepfennig), die Bundesanstalt für Arbeit und Einrichtungen der EG[164].

Subventionsempfänger sind ausschließlich die *Unternehmen*. Hierunter fallen alle Institutionen, „die vorwiegend Waren und Dienstleistungen produzieren bzw. erbringen und diese gegen spezielles Entgelt verkaufen, das in der Regel Überschüsse abwirft, zumindest jedoch annähernd die Kosten deckt"[165]. Unter diese Abgrenzung fallen auch (ehemalige) öffentliche Unternehmen wie die Deutsche Bundesbahn. Nicht zu den Subventionsempfängern zählen private Haushalte, der Staat selbst und private Organisationen ohne Erwerbszweck, wie z.B. Kirchen. Als Subventionsleistungen sind allein „Zuschüsse für laufende

[163] [STATISTISCHES BUNDESAMT91], S. 13.

[164] vgl. [STATISTISCHES BUNDESAMT91], S. 8 und [FRITZSCHE88], S. 13. Den Ausgleichsfonds zur Sicherung des Steinkohleneinsatzes gibt es seit Anfang 1996 nicht mehr. Da vom Statistischen Bundesamt jedoch noch keine neueren Zahlen zur Verfügung stehen, muß auf die letzten verfügbaren Zahlen zurückgegegriffen werden, die diesen Posten noch enthalten.

[165] [FRITZSCHE88], S. 13.

Produktionszwecke"[166] anzusehen. Der Zweck der Subvention liegt in der „Beeinflussung der Marktpreise oder zur Stützung von Produktion und Einkommen"[167]. Subventionen werden mit Ausnahme der Umsatzsteuervergünstigungen ausschließlich als Finanzhilfe gewährt. Die Subventionsabgrenzung der VGR folgt demnach einer engen Subventionsabgrenzung.

10.1.2 Subventionen i.S.d. Subventionsberichte

§12 StWG verpflichtet die Bundesregierung, alle zwei Jahre eine „zahlenmäßige Übersicht" über die als Finanzhilfen gewährten Bundesmittel und die „Steuervergünstigungen zusammen mit den geschätzten Mindereinnahmen" vorzulegen. Damit gelten als Subventionen im Sinne des Subventionsberichts

1. **Finanzhilfen**, also „Geldleistungen des Bundes an Stellen außerhalb der Bundesverwaltung", die der Erhaltung oder Anpassung „von Produktionen oder Leistungen in Betrieben oder Wirtschaftszweigen"[168] dienen bzw. Produktivitätsfortschritte fördern können, ebenso wie die Verbilligung einiger Leistungen und Güter für private Haushalte und die Förderung deren Spartätigkeit, und

2. **Steuervergünstigungen**, deren Gewährung zum gleichen Zweck wie für Finanzhilfen erfolgt.

Subventionsgeber sind hierbei nur Institutionen der Bundesverwaltung. Transfers der anderen Gebietskörperschaften, also der Länder und Gemeinden, sowie der übrigen in der VGR angeführten Subventionsgeber werden nicht zu den Subventionen gerechnet. Man beachte aber, daß einige Länder wie z.B. Nordrhein-Westfalen, ebenfalls Subventionsberichte erstellen, die sich am Subventionsbegriff der Bundesregierung orientieren[169].

Im weiteren Gegensatz zur VGR sind hier Subventionsempfänger nicht nur Unternehmen, sondern auch private Haushalte. Zu beachten ist, daß Unternehmen wie die Deutsche Bundespost und die Deutsche Bundesbahn auch vor ihrer Privatisierung nicht als „Stellen außerhalb der Bundesverwaltung" zählten, deren Zuschüsse deshalb auch nicht als Subventionen gewertet wurden.

Subventionen i.S.d. Subventionsberichte an Unternehmen werden gewährt als Anpassungshilfen, Erhaltungshilfen, Produktivitätshilfen oder sonstige Hilfen, während Subventionen an private Haushalte nur als sonstige Hilfen gezahlt werden. Diese Einteilung spiegelt die oben angesprochene Zweckbestimmung der Subventionen wieder. Im Gegensatz zur Subventionsabgrenzung i.S.d. VGR fallen die Subventionen i.S.d. Subventionsberichtes unter eine eher weite Subventionsabgrenzung.

---

[166] [FRITZSCHE88], S. 14.
[167] [STATISTISCHES BUNDESAMT91], S. 13.
[168] [ALBRECHT/THORMÄLEN85], S. 21 und [FRITZSCHE88], S. 12 für die Zitate.
[169] vgl. [FINANZMINISTERIUM NRW96], S. 13.

10.1.3 Subventionen i.S.d. Strukturberichte

Die Subventionsabgrenzung im Sinne der Strukturberichte richtet sich danach, welche ökonomischen Wirkungen *innerhalb* des Unternehmenssektors nach Abgrenzung der Volkswirtschaftlichen Gesamtrechnung (VGR) durch selektiv wirkende finanzpolitische Vergünstigungen ausgelöst werden[170] wird. Als Subventionsgeber fungiert der Staat im Sinne der VGR (s.o.). Subventionsempfänger sind zum einen Unternehmen, zum anderen auch private Haushalte und private Organisationen ohne Erwerbszweck, denen die Transfers zugute kommen, durch die ebenfalls Verzerrungen im Unternehmenssektor ausgelöst werden. Entscheidend ist bei der Abgrenzung weiterhin, ob der Kreis der Begünstigten genügend eng eingegrenzt werden kann. So muß eine Subvention z.B. einem bestimmten Wirtschaftszweig oder einem bestimmten Produktionsfaktor zugerechnet werden können[171].

Subventionen werden geleistet als Finanzhilfen und Steuervergünstigungen. Dabei kann unterschieden werden zwischen *sektorspezifisch erfaßten Subventionen*, *nicht zugeteilten sektorspezifische Subventionen* und *branchenübergreifenden Subventionen*[172]. Die Strukturberichte folgen damit der weitesten Subventionsabgrenzung.

10.1.4 Systematisierung der verschiedenen Subventionsabgrenzungen

In Tabelle 13 werden die verschiedenen Subventionsabgrenzungen noch einmal gegenübergestellt und hinsichtlich der Hauptmerkmale verglichen.

Die Quantifizierung der Subventionshöhen i.S.d. verschiedenen Abgrenzungen kommt zu teilweise weit auseinanderliegenden Ergebnissen. Man kann von einer eher engen Subventionsabgrenzung allerdings nicht auf niedrige Subventionen bzw. von einer weiten Subventionsabgrenzung nicht auf relativ höhere Subventionszahlen schließen. Dies verdeutlicht der folgende Abschnitt am Beispiel der Bergbausubventionen in den verschiedenen Abgrenzungen.

10.1.5 Bergbausubventionen in den verschiedenen Abgrenzungen

Bezüglich der Bergbausubventionen ergibt sich die folgende Quantifizierung[173]:

1. **Bergbausubventionen in der VGR**
   Die Bergbausubventionen werden in den VGR erfaßt unter der Rubrik „Energiegewinnung und -versorgung“. 1994 flossen diesem Bereich mit 9,5 Mrd. DM knapp 19%

---

170 vgl. [ROSENSCHON94], S. 1.
171 vgl. [FRITZSCHE88], S. 18.
172 vgl. [ROSENSCHON94], Tabelle 2, S. 7.
173 Leider hinkt die Strukturberichterstattung bzgl. der Subventionserfassung etwas hinterher. Das aktuellste Jahr, für das für alle drei Subventionsabgrenzungen Daten zur Verfügung stehen, ist 1994.

Tabelle 13: Vergleich der verschiedenen Subventionsabgrenzungen

Subventions-	VGR	Subventions-berichte	Struktur-berichte
-geber	Staat i.S.d. VGR	Institutionen der Bundesverwaltung	Staat i.S.d. VGR
-empfänger	Unternehmen	Unternehmen/ private Haushalte	Unternehmen/ private Haushalte
-leistung	tatsächliche Geldleistung i.F. von Zuschüssen	Geldleistung/Steuermindereinnahmen	Geldleistung/Steuermindereinnahmen
-form	Finanzhilfe	Finanzhilfe/Steuervergünstigung	Finanzhilfe/Steuervergünstigung
-wirkung bzw. -ziel	Beeinflußung der Marktpreise, Stützung von Produktion/Einkommen	Erhaltung bzw. Anpassung von Produktion bzw. Leistung, Verbilligung bestimmter Güter	Allokationsverzerrung innerhalb des Unternehmenssektors durch selektive finanzpolitische Maßnahmen
-abgrenzung	eng	weit	sehr weit

Quelle: vgl. dazu Angaben im Text

der gesamten Subventionen des Staates[174] zu. Damit lag dieser Wirtschaftszweig auf dem 2. Platz hinter dem Bereich Verkehr. Der größte Posten war 1994 die Zahlungen aus dem **Ausgleichsfonds zur Sicherung des Steinkohleneinsatzes**, auch „Kohlepfennig“ genannt, mit fast 6 Mrd. DM[175].

2. **Bergbausubventionen in den Subventionsberichten**

Der 16. Subventionsbericht des Bundes listet für 1994 unter der Rubrik „Bergbau“ 7 Finanzhilfen und eine Steuervergünstigung auf. Die Finanzhilfen summierten sich 1994 auf 2,86 Mrd. DM, die Steuervergünstigungen betrugen 55 Mio. DM. Als Gesamtsubventionsvolumen ergaben sich damit über 2,9 Mrd. DM an Bergbausubventionen des Bundes. Dies entsprach einem Anteil von 8,2% an den gesamten Bundessubventionen. Der Bergbau lag damit allerdings nur an vierter Stelle hinter den Bereichen Wohnungswesen (27% an den Gesamtsubventionen), Regionale Strukturmaßnahmen (22%) und Ernährung, Landwirtschaft und Forsten (17%). Der Anteil der bergbaulichen Steuervergünstigungen war mit 0,3% an den gesamten Steuervergünstigungen des Bundes gering. Die größte Finanzhilfe war mit 1,9 Mrd. DM die **Kokskohlenbeihilfe** (Kkb), die damit einen Anteil von über 65% an den gesamten Bergbaufinanzhilfen haben. Im 15. Subventionsbericht des Landes Nordrhein-

[174] allerdings nur bezogen auf das frühere Bundesgebiet.
[175] unveröffentlichte Daten des Statistischen Bundesamtes.

Westfalen als größtem Bergbauland sind für 1994 1,1 Mrd. DM an Finanzhilfen und ein Landesanteil an den Steuervergünstigungen von 41 Mio. DM angesetzt. Dem Bergbau fließt damit mit über 34% der Finanzhilfen der größte Anteil an den Landesfinanzhilfen zu[176]. Auch hier entfällt mit 888 Mio. DM der Hauptanteil der Subventionen auf die **Kokskohlenbeihilfe**[177]. Das Saarland war 1994 mit 31,3 Mio. DM an den Hilfen für den Saarbergbau beteiligt[178].

3. **Bergbausubventionen in den Strukturberichten**
   Der Strukturbericht 1995 weist für das Jahr 1994 gesamtdeutsche Bundessubventionen an den Kohlenbergbau von 10,5 Mrd. DM aus. Davon leistete Westdeutschland 10,4 Mrd. DM (98,6%), Ostdeutschland lediglich 151 Mio. DM (1,4%). Innerhalb der westdeutschen Kohlesubventionen entfielen 99% auf Finanzhilfen, 1% auf Steuervergünstigungen; die ostdeutschen Kohlesubventionen bestanden dagegen zu 100% aus Steuervergünstigungen. Die größte westdeutsche Finanzhilfe war 1994 der sog. „Kohlepfennig" mit fast 6 Mrd. DM bzw. einem Anteil von 58% an den westdeutschen Kohlesubventionen[179].

   Die Ländersubventionen (nur Finanzhilfen) an den Bergbau beliefen sich 1994 auf 1,4 Mrd. DM. Dies entsprach einem Anteil von 2,7% an den gesamten Ländersubventionen. Der Hauptanteil, nämlich 1,3 Mrd. DM bzw. 89% wurden von Nordrhein-Westfalen bezahlt, 31,3 Mio. DM entfielen auf das Saarland und 126,7 Mio. DM auf Brandenburg[180].

Zur besseren Übersicht sind die wichtigsten Punkte noch einmal in Tabelle 14 zusammengestellt.

Beim Vergleich der Angaben in Tabelle 14 sind die folgenden Punkte zu beachten:

- Wird von Subventionen „an den Bergbau" gesprochen, ist fast immer der Steinkohlenbergbau gemeint. In den Subventionsberichten des Bundes ist beispielsweise lediglich ein Posten aufgeführt, dessen Mittel neben dem Steinkohlenbergbau auch dem Eisenerzbergbau und der Stahlindustrie zufließen. Hierbei handelte es sich 1994 um weniger als 10% der gesamten Bergbaubundessubventionen[181]. In der VGR wurden 1994 lediglich 4% der Energiesubventionen an Stellen außerhalb des Steinkohlenbergbaus geleistet[182].

- Auf den ersten Blick fällt auf, daß die Bundessubventionen in der Abgrenzung der Subventionsberichte für 1994 deutlich niedriger ausfallen als in den anderen Abgren-

---

[176]vgl. [FINANZMINISTERIUM NRW96], Übersicht 3, S. 21.
[177]vgl. [FINANZMINISTERIUM NRW96], Einzelplan 08, S. 74ff.
[178]vgl. [SAARLAND95], Tabelle „Beteiligung der Saarlandes an den Hilfen für den Saarbergbau".
[179]vgl. [HUMMEL96], Tabelle A 11, S. 302.
[180]vgl. [ROSENSCHON96], Tabelle 7, S. 26 und Ländertabellen.
[181]vgl. [DEUTSCHER BUNDESTAG95], S. 86.
[182]vgl. [STATISTISCHES BUNDESAMT96C], Tabelle 3.1.3; eigene Berechnungen.

Tabelle 14: Bergbausubventionen in den verschiedenen Abgrenzungen

	VGR[a]	**Subventions-berichte**	**Struktur-berichte**
Berichtsjahr	1994	1994	1994
Gesamtvolumen davon Finanzhilfen	9,5 Mrd.	4,09 Mrd. 3,96 Mrd.	11,9 Mrd. 11,6 Mrd.
Anteil an Gesamtsubventionen	19%	Bund: 8% NRW: 34% Saarland: na.	Bund: na. NRW: 18% Saarland: 8% Brandenburg: 3%
Platz in „Rangliste“	2.	Bund: 4. NRW: 1. Saarland: na.	Bund: na. NRW: 3. Saarland: 5. Brandenburg: 7.
größter Posten Volumen	Kohlepf. 6 Mrd.	Kkb 1,9 Mrd.	Kohlepf. 6 Mrd.
Anteil an Bergbausubventionen	63%	65%	50%

Quelle: vgl. dazu Angaben im Text; eigene Berechnungen

[a]nur Westdeutschland

zungen. Dies ist darauf zurückzuführen, daß die Ausgaben aus dem sog. Kohlepfennig im Gegensatz zur VGR und den Strukturberichten nicht zu den Subventionen des Bundes gezählt wurden. Aufgrund einer Entscheidung des Bundesverfassungsgerichtes darf der Kohlepfennig aber ab 1996 nicht mehr erhoben werden. Seither müssen die Mittel für die nun *Verstromungshilfen* genannten Subventionen aus dem Bundeshaushalt aufgebracht werden und im Subventionsbericht als Bergbausubvention aufgeführt werden. 1996 wurden sie mit 7,5 Mrd. DM angesetzt, dies entspricht alleine 75% der gesamten Bergbausubventionen. Von 1995 auf 1996 stiegen die Bergbausubventionen dadurch um fast 300%. Der Bergbau „sprang“ damit vom 4. auf den 2. Platz der größten Subventionsempfänger[183].

- In keiner der aufgeführten Subventionsabgrenzungen ist der BZ zur knRV als Bergbausubvention eingerechnet.

10.2 Die Wahl der Subventionsabgrenzung

In der Einleitung zu diesem Abschnitt wurde bereits angedeutet, daß eine eigens abgeleitete Subventionsabgrenzung im vorliegenden Fall nicht notwendig ist, da die Subventionsabgrenzung i.S.d. Strukturberichterstattung am zweckmäßigsten ist. Die Wahl wurde

[183]vgl. [DEUTSCHER BUNDESTAG95], Übersicht 1, S. 6.

aus den folgenden Gründen getroffen:

1. Die Strukturberichte legen die weiteste **instrumentelle** Subventionsabgrenzung vor: Der Subventionsgeber ist der Staat i.S.d. VGR, es erfolgt also keine Ausgrenzung von Gebietskörperschaften wie in den Subventionsberichten. Subventionsempfänger sind dagegen sowohl Unternehmen als auch private Haushalte, er ist daher umfassender als die Subventionsabgrenzung der VGR.

2. Die Strukturberichte beinhalten die zweckmäßigste **problembezogene** Subventionsabgrenzung: Im Vordergrund stehen Finanzhilfen oder Steuervergünstigungen, die selektiv auf einzelne Sektoren wirken. Das entscheidende Merkmal zur Kennzeichnung einer Subvention ist damit die Entstehung einer Allokationsverzerrung innerhalb eines bestimmten Wirtschaftssektors. Im vorliegenden Fall werden gerade die Wirkungen betrachtet, die der BZ zur knRV auf den Bergbausektor ausübt, d.h. entscheidend ist die **sektorspezifische** Wirkung des BZ.

In Anlehnung an die Strukturberichte lautet eine zweckmäßige Subventionsabgrenzung:

Abgrenzung 10.1 *Eine Bergbausubvention ist ein Transfer des Staates i.S.d. VGR an die Unternehmen bzw. die Beschäftigten des Bergbaus. Sie wird geleistet als Finanzhilfe. Der Transfer bewirkt eine selektive, sektorspezifische Verzerrung der Allokation zugunsten der Unternehmen des Bergbaus mit dem Ziel, die laufende Produktion der Bergbauunternehmen zu beeinflussen.*

In der nachfolgenden Untersuchung werden die Begriffe *Transfer* und *Subvention* nicht synonym verwendet. Bei einem *Transfer* handelt es sich um eine Übertragung „eines Gutes oder einer Forderung von einem Wirtschaftssubjekt an ein anderes ohne ökonomische Gegenleistung“[184]. Transfers können in laufende Übertragungen oder Vermögensübertragungen eingeteilt werden. Eine Übertragung von Geldmitteln wird als *Transferzahlung* bezeichnet[185].

Der Transferbegriff kann ebenso wie der Subventionsbegriff in verschiedene Abgrenzungen eingeordnet werden: Die instrumentbezogenen Abgrenzungen des Transferbegriffs, d.h. die Einteilung nach Transfergeber, Transferempfänger oder Transferform entspricht den in Abschnitt 10.1 angeführten Subventionsabgrenzungen.

In der vorliegenden Arbeit wird eine weite Transferabgrenzung zugrundegelegt: Transfergeber ist der Staat i.S.d. VGR, Transferempfänger sind Unternehmen und private Haushalte. Durch den Transfer werden „Eigentumstitel umverteilt (...), so daß sich der Nettobestand an Gütern und Forderungen beim Transfergeber vermindert, beim Transferempfänger erhöht“[186].

---

[184] [STOBBE84], S. 382.
[185] vgl. [TROJANUS95], S. 23.
[186] [TROJANUS95], S. 32.

Zusammenfassend kann deshalb festgestellt werden: Jede Subvention ist gleichzeitig ein Transfer. Nicht jeder Transfer ist aber eine Subvention. Transfers begründen in erster Linie eine Umverteilung i.S.d. oben genannten Abgrenzung, während ein Transfer nur dann eine Subventionen darstellt, wenn eine allokative Verzerrung durch die Transferleistung entsteht.

11 Abgrenzung der Bundeszuschüsse zur knRV und zur RV der Arbeiter und Angestellten

In diesem Abschnitt steht die Abgrenzung der beiden Bundeszuschüsse zur knRV und zur RV der Arbeiter und Angestellten im Vordergrund. Diese Abgrenzung ist wichtig, um festzustellen, ob sich die beiden Bundeszuschüsse in ihrem Charakter unterscheiden, d.h. ob sie den gleichen Finanzierungszweck erfüllen. Die Analyse erfolgt in zwei Schritten.

Im **ersten Schritt** wird untersucht, zu welchem Anteil der BZ zur knRV im Vergleich zum BZ zur RV der Arbeiter und Angestellten zur Finanzierung von versicherungsfremden Leistungen herangezogen wird. Läge hier eine symmetrische Situation vor, so hätten die beiden Bundeszuschüsse den gleichen Charakter. Unter der Annahme, der BZ zur RV der Arbeiter und Angestellten beinhalte keinen Subventionsanteil und finanziere nur Leistungen, die nicht Aufgaben einer Alterssicherung sind, könnte auch eine Subventionierung durch den BZ zur knRV ausgeschlossen werden.

Wenn der BZ der knRV aber relativ höher ist als die Ausgaben für versicherungsfremde Leistungen in der knRV, enthielte der BZ Transferbestandteile, die im BZ zur RV der Arbeiter und Angestellten nicht enthalten sind und die Bundeszuschüsse hätten nicht den gleichen Charakter.

Der Anteil des BZ, der über die Ausgaben für versicherungsfremde Leistungen hinausgeht, wird in einem **zweiten Schritt** darauf hin analysiert, ob die Finanzmittel für Ausgaben in der knRV herangezogen werden, die auch in der RV der Arbeiter und Angestellten entstehen, oder ob es sich um Ausgaben handelt, die nur in der knRV beispielsweise auf Grund der höheren knappschaftlichen Renten oder der besseren Rentenbezugsmöglichkeiten entstehen.

Im ersten Fall gliche der BZ die Rentenausgaben aus, die in der knRV nicht aus Beiträgen finanziert werden können, die aber in der knRV ebenso wie in der RV der Arbeiter und Angestellten finanziert werden müssen.

Eine andere Lage entstünde aber im zweiten Fall, d.h. wenn der BZ zur Finanzierung der höheren knappschaftlichen Renten oder der bergbaulichen Rentenarten herangezogen wird. Dies sind Ausgaben, die in der RV der Arbeiter und Angestellten nicht entstehen können. Eine Finanzierung über den BZ wäre ein Transfer an die Versicherten der knRV, der über den Transfer an die Versicherten der RV der Arbeiter und Angestellten hinausgeht. Möglicherweise läge damit auch ein Transfer an den Bergbau vor.

Diese Untersuchungsschritte werden anhand einer Aufspaltung der Einnahmen- und Ausgabenbestandteile der knRV schematisch verdeutlicht: Die Gesamteinnahmen der knRV setzen sich zusammen aus:

- den Beiträgen: diese umfassen sowohl die originären Beitragseinnahmen der Versicherten der knRV als auch die Einnahmen aus dem Wanderversicherungsausgleich als „beitragsähnliche“ Einnahmen.

- dem BZ
- den sonstigen Einnahmen[187].

Die Gesamtausgaben der knRV setzen sich zusammen aus:

- den Rentenausgaben
- den Ausgaben für die knKV/PflV der Rentner
- den Ausgaben für den Wanderversicherungsausgleich an die RV der Arbeiter und Angestellten
- den sonstigen Ausgaben.

In Tabelle 15 ist eine Zurechnung des BZ auf bestimmte Ausgabenanteile dargestellt. In Klammern sind die Anteile der Einzelposten an den Gesamteinnahmen bzw. Gesamtausgaben basierend auf den Daten des Jahres 1995 angegeben[188]:

Tabelle 15: Darstellung der Einnahmen und Ausgaben der knRV

Einnahmen	**Ausgaben**
Beiträge (38%)	knKV/PflVdR (7%)
= Beitragseinnahmen (11%)	WV (3%)
+ Wanderversicherung (27%)	Sonstige (3%)
Sonstige (3%)	beitragsfinanzierte Rentenausgaben (28%)
Saldo (59%)	nicht beitragsfinanzierteRentenausgaben (59%)
= Bundeszuschuß	= Ausgaben für versicherungsfremde Leistungen?
	1. Schritt: Wie hoch ist dieser Anteil?
	+ noch nicht zuordenbare Rentenausgaben
	2. Schritt: Wie hoch ist dieser Anteil?

Durch Beiträge, beitragsähnliche Einnahmen bzw. sonstige Einnahmen lassen sich die Ausgaben für die knKV/PflV der Rentner finanzieren. Ferner sind die Ausgaben für die Wanderversicherung und die sonstigen Ausgaben beitragsfinanziert.

[187] Diese beinhalten auch die Einnahmen aus dem Wanderungsausgleich. Im Grundes handelt es sich dabei um einen Transfer der Versicherten der RV der Arbeiter und Angestellten zur knRV. Um die Analyse jedoch nicht zu komplizieren und zumal hier Transfers des Staates an die Versicherten im Vordergrund stehen, werden die Einnahmen aus dem Wanderungsausgleich hier ebenfalls als weitestgehend zu den Beiträgen zählend angesehen.

[188] vgl. Tabelle 27 im Anhang D; wegen der späteren Abschätzung der versicherungsfremden Leistungen, deren aktuellste Daten auf dem Jahr 1995 basiert, muß für die folgenden Quantifizierungen bezüglich der Daten der knRV auch auf das Jahr 1995 zurückgegriffen werden. Ein Vergleich der beiden Tabellen 10 und 27 zeigt, daß zwischen 1995 und 1996 bei den Ein- und Ausgabenanteilen keine großen Veränderungen auftraten.

Die gesamten Rentenausgaben müssen weiter aufgespalten werden: Ein Teil der Rentenausgaben, im vorliegenden Fall sind das 28%, können als beitragsfinanziert angesehen werden. Der Rest ist nicht beitragsfinanziert und entspricht dem Anteil der Ausgaben, die über den BZ beglichen werden. Diese nicht beitragsfinanzierten Rentenausgaben sind bisher nicht näher spezifiziert und daher der Gegenstand der Analyse der folgenden Abschnitte.

Im nächsten Abschnitt werden zunächst die versicherungsfremden Leistungen sowohl in der knRV als auch in der RV der Arbeiter und Angestellten dargestellt und abgeschätzt und den beiden Bundeszuschüssen gegenübergestellt. Übersteigt der BZ der knRV die Ausgaben für die versicherungsfremden Leistungen in der knRV, wird in Abschnitt 11.2 diese Differenz weiter aufgespalten und den Rentenausgaben in der knRV gegenübergestellt.

11.1 Die versicherungsfremden Leistungen in der knRV im Vergleich zur RV der Arbeiter und Angestellten

11.1.1 Vorüberlegungen: Definition von versicherungsfremden Leistungen und Referenzlage

Ausgangspunkt der Überlegungen ist die Interpretation des BZ zur RV der Arbeiter und Angestellten als Mittel zur Finanzierung der **versicherungsfremden Leistungen**, die in Abschnitt 7.4.2 erläutert wurde.

Über die Definition der versicherungsfremden Leistungen herrscht weitgehende Einigkeit. Eine enge Abgrenzung besagt, daß als versicherungsfremde Leistungen alle die Leistungen anzusehen sind, bei denen keine oder nur ungenügende Äquivalenz zwischen Beiträgen und Leistungen existiert. In einer weiten Abgrenzung werden alle Leistungen als versicherungsfremd angesetzt, die einen sozialen Ausgleich begründen, der über den Ausgleich hinausgeht, der beispielsweise durch die Zwangsmitgliedschaft und die Einkommensabhängigkeit der Rente entsteht. Kein Konsens besteht allerdings darüber, welche Einzelleistungen der GRV nun genau als versicherungsfremd einzustufen sind und welche nicht[189].

Von einigen Autoren wird allerdings auch die Meinung vertreten, daß es in der Sozialversicherung keine versicherungsfremden Leistungen gibt, sondern daß alle Leistungen, die in der Sozialversicherung gewährt werden (sozial)versicherungskonform sind, da in einer Sozialversicherung über den Risikoausgleich hinaus ein sozialer Ausgleich stattfinden soll[190]. Diese Meinung wird hier deshalb nicht geteilt, weil nicht die gesamte Bevölkerung in der Sozialversicherung versichert ist, sondern nur ein, wenn auch beträchtlicher, Teil. Bestimmte Leistungen, die derzeit von der Sozialversicherung geleistet werden, können aber nicht nur diesem versicherten Teil aufgebürdet werden, sondern die Mittel zu deren

[189] so z.B. auch [WAGNER84], S. 166, [REHFELD/LUCKERT89], S. 44ff und [RULAND95], S. 31.
[190] vgl. [VDR97B], S. 1.

Finanzierung sollten von der gesamten Gesellschaft über Steuern aufgebracht werden. Daher ist auch das vorherrschende Abgrenzungskriterium für die folgende Analyse, ob eine Leistung als Aufgabe einer Alterssicherung zu sehen ist oder gesamtgesellschaftlich gelöst werden sollte. Trifft letzteres zu, so ist die betreffende Leistung als versicherungsfremd zu werten.

Als Referenzmodell für die Abgrenzung der beiden Bundeszuschüsse voneinander wird die RV der Arbeiter und Angestellten herangezogen. Diese beschreibt die Ausgangsposition: Der BZ zur RV der Arbeiter und Angestellten wird ausschließlich zur Finanzierung der versicherungsfremden Leistungen verwendet. An dieser Referenzlage wird nun gemessen, ob der BZ zur knRV ebenfalls ausschließlich diese Funktion erfüllt, oder ob Teile des BZ noch zur Finanzierung anderer Ausgabenanteile wie z.B. der höheren knappschaftlichen Renten herangezogen werden. Ist letzteres der Fall, dann erhält die knRV über den BZ Transferleistungen, die über die Transfers an die RV der Arbeiter und Angestellten hinausgehen.

Im folgenden Abschnitt werden die versicherungsfremden Leistungen in der knRV näher erläutert und denen in der RV der Arbeiter und Angestellten gegenübergestellt.

11.1.2 Die versicherungsfremden Leistungen: Einzelbestimmungen

Zur besseren Übersicht werden die Einzelbestimmungen unterteilt in Einzelleistungen, die das Rentengesamtleistungsvolumen beeinflussen und Einzelleistungen, die das Rentenbetragsvolumen beeinflussen. Letztere wirken über die Rentenformel auf die einzelne Rente, d.h. sie erhöhen die persönlichen Entgeltpunkte und damit die einzelne Rente. Erstere verändern die individuellen Rentenbeträge dagegen nicht, sondern können nur als „pauschale" versicherungsfremde Leistungen angegeben werden.

Es ergibt sich die folgende Ermittlungssystematik:

Rentengesamtleistungsvolumen
./. versicherungsfremde Anteile am Rentengesamtleistungsvolumen
= Rentenbetragsvolumen
./. versicherungsfremde Teile am Rentenbetragsvolumen
nicht versicherungsfremde Leistungen

Anhand dieser Systematik erfolgt nach der Darstellung der Einzelbestimmungen eine Schätzung der Höhe der versicherungsfremden Leistungen in der knRV im Vergleich zur RV der Arbeiter und Angestellten. Diese Schätzung wird dann den jeweiligen Bundeszuschüssen gegenübergestellt.

11.1.2.1 Versicherungsfremde Teile am Rentenbetragsvolumen Zu den wichtigsten Bestimmungen, bei denen keine oder eine eingeschränkte Äquivalenz zwischen

Beiträgen und Leistungen besteht, gehört die rentenrechtliche Behandlung von **beitragsfreien** und **beitragsmindernden Zeiten.**

Zu den beitragsfreien Zeiten zählen insbesondere die sog. **Anrechnungs-** bzw. **Zurechnungszeiten.** Diese gehen über die Rentenformel in die Rentenberechnung ein und beeinflussen die individuellen Rentenhöhen. Dabei gelten für die knRV und die RV der Arbeiter und Angestellten weitgehend die gleichen gesetzlichen Regelungen.

Durch die Anrechnung von beitragsfreien oder beitragsmindernden Zeiten werden die individuellen Renten in beiden Versicherungszweigen im gleichen Ausmaß angehoben, d.h. daß beispielsweise ein Monat mit beitragsfreien Zeiten die persönlichen Entgeltpunkte bei einer knappschaftlichen Rente um denselben Betrag erhöht wie eine Rente in der RV der Arbeiter und Angestellten.

Anrechnungszeiten sind Zeiten, in denen der Versicherte aus bestimmten Gründen nicht zu einer Beitragsleistung in der Lage war. Diese Gründe liegen nach §58 Abs. 1 SGB VI z.B. vor bei Krankheit oder während einer Rehabilitation, im Mutterschaftsurlaub, bei Arbeitslosigkeit oder während der Ausbildung nach den 16. Lebensjahr. Zu den Zeiten denen keine Beiträge gegenüberstehen, gehören auch die Kindererziehungszeiten, da für die ersten drei Lebensjahre eines Kindes die Pflichtbeiträge für einen Elternteil als bezahlt gelten. In Abschnitt 7.2.2 wurde bereits darauf hingewiesen, daß hier insofern ein Unterschied zwischen der knRV und der RV der Arbeiter und Angestellten besteht, als daß die persönlichen Entgeltpunkte, mit denen die Kindererziehungszeiten in die Rentenberechnung eingehen, in der knRV niedriger als in der RV der Arbeiter und Angestellten sind. Da damit lediglich die in der knRV höheren Rentenartfaktoren ausgeglichen werden, ändert sich - bei der hier angestellten näheren Betrachtung - nichts am grundsätzlichen Charakter dieser Anrechnungszeiten in der knRV.

Im Falle dieser Bestimmungen übernimmt die GRV die Absicherung von Risiken wie Krankheit oder Arbeitslosigkeit, bzw. verhindert, daß sich das Gebären oder die Erziehung von Kindern negativ auf die spätere Rentenhöhe auswirkt. Da dies nicht die Aufgaben eines auf die Alterssicherung ausgelegten Systems sein können, handelt es sich hierbei um der Alterssicherung fremde Leistungen.

Etwas anders verhält es sich mit den **Zurechnungszeiten.** Zurechnungszeiten sind Zeiten, „die bei einer Rente wegen Berufsunfähigkeit oder Erwerbsunfähigkeit oder einer Rente wegen Todes hinzugerechnet [werden], wenn der Versicherte das 60. Lebensjahr noch nicht vollendet hat.“[191] Lange Zeit herrschte keine Einigkeit, ob Zahlungen für diese Zeiten als versicherungsfremd anzusehen sind oder nicht[192]. Heute hat sich allerdings die Meinung durchgesetzt, daß es sich bei den Zurechnungszeiten durchaus um eine versicherungsspezifisches Element im Rahmen der Alters- und Invaliditätssicherung handelt, durch das „die Rentenversicherung [...] erst von der Sparkasse zur Versicherung wird“[193]. Die Ein-

[191] §59 SGB VI.

[192] vgl. hierzu z.B. [STOLZ83], S. 122; sie hält Zurechnungszeiten beispielsweise noch für versicherungsfremd.

[193] [RULAND95], S. 33.

rechnung von Zurechnungszeiten in den Rentenbetrag ist also durchaus als Aufgabe der Alterssicherung anzusehen.

Um **beitragsmindernde Zeiten** handelt es sich, wenn für bestimmte Zeiten zwar Beiträge entrichtet wurden, diese später aber nicht mehr unmittelbar der Rentenbewertung zugerechnet werden können oder wenn für diese Zeiten später höhere Beiträge als die tatsächlich geleisteten angesetzt werden[194]. In diesem Zusammenhang ist besonders die Regelung der **Mindestentgeltpunkte** zu nennen. Wenn ein Versicherter mindestens 35 Jahre mit Pflichtbeiträgen zurückgelegt hat, und er gleichwohl nach dieser Zeit weniger als 0,0625 Entgeltpunkte pro Kalendermonat erreicht, so werden 0,0625 Entgeltpunkte als Mindestgrenze angesetzt[195]. Mit dieser Maßnahme soll verhindert werden, daß sich die niedrigen Löhne, hauptsächlich von Frauen, zu stark in der Rente niederschlagen.

Zu einer Höherbewertung kommt es auch bei den **Pflichtbeitragszeiten für eine Berufsausbildung**. Nach §70 Abs. 3 SGB VI werden bis zum 25. Lebensjahr die Pflichtbeiträge aus den ersten 48 Kalendermonaten einer versicherungspflichtigen Beschäftigung mit mindestens 0,075 (also deutlich höher als die Mindestbewertung von 0,0675) Entgeltpunkten bewertet. Ob dabei in dieser Zeit wirklich eine Berufsausbildung vorliegt, spielt für die Bewertung keine Rolle[196].

Die durch diese Regelungen vorgenommene Korrektur bestimmter Fakten im Lebensablauf ist sozialpolitisch gewollt, kann jedoch nicht die Aufgabe einer weitgehend nach dem Äquivalenzprinzip funktionierenden Alterssicherung sein. Es handelt sich also auch hier eindeutig um versicherungsfremde Leistungen.

Der GRV wird in beträchtlichem Ausmaß der Ausgleich von **Kriegsfolgelasten** aufgebürdet. Einen großen Anteil an diesen Kriegsfolgelasten haben die sog. **Ersatzzeiten** nach §250 SGB VI. Bei diesen Ersatzzeiten handelt es sich um Zeiten, die aufgrund von Kriegsdienst, Kriegsgefangenschaft, Vertreibung o.ä. und damit verbundener Krankheit und Arbeitsunfähigkeit bzw. Arbeitslosigkeit nicht oder nur unzureichend mit Beiträgen belegt werden konnten. Ersatzzeiten werden auch für diejenigen Personen angerechnet, die in der ehemaligen DDR zwischen dem 8. Mai 1945 und dem 30. Juni 1990 inhaftiert waren und danach rehabilitiert wurden.

Ersatzzeiten werden als beitragsfreie oder beitragsmindernde Zeiten behandelt und gehen als solche in die Rentenberechnung ein. Ihnen steht also entweder kein oder ein zu geringer Beitrag gegenüber. Auch wenn eine Entschädigung im Sinne der Ersatzzeitenregelung eine sinnvolle sozialpolitische Maßnahme ist, so besteht doch kein Zweifel daran, daß es sich hierbei nicht um Leistungen handelt, die im Rahmen einer Alterssicherung gewährt werden sollten. Sie sind als versicherungsfremd anzusehen. Auch unter die Kriegsfolgelasten zu zählen sind die Bestimmungen des **Fremdrentengesetzes (FRG)**[197]. Die GRV muß Renten bezahlen, die zum einen nicht durch Beiträge gedeckt sind, die an die GRV der

[194] vgl. [REHFELD/LUCKERT89], S. 49.
[195] vgl. §262 SGB VI.
[196] vgl. [BRETTSCHNEIDER91], S. 142.
[197] vgl. Abschnitt 8.2.

Bundesrepublik Deutschland gezahlt wurden, zum anderen wohl weit unter den hier zu zahlenden Beiträgen gelegen hätten[198]. Es ist nicht die Aufgabe der Versicherten der Rentenversicherung alleine, für die Finanzierung derartiger Ausgaben zu sorgen.

Für die knRV kommt erschwerend hinzu, daß sie als Alterssicherung für Bergleute alleine für die Aussiedler aufzukommen hat, die im Herkunftsland in Bergbauberufen gearbeitet haben. Während sich in der RV der Arbeiter und Angestellten die Lasten auf viele Berufe und Beitragszahler verteilen, wirkt sich der Branchenbezug der knRV wegen der vielen Zuwanderer aus Bergbauberufen überproportional ausgabensteigernd aus. Hierbei handelt es sich um Lasten, die von der gesamten Gesellschaft getragen werden müssen. Ein solcher Ausgleich ist sowohl für die knRV als auch für die gesamte GRV unbestritten als versicherungsfremd einzustufen.

11.1.2.2 Versicherungsfremde Teile am Rentengesamtleistungsvolumen Legt man die in Abschnitt 11.1.1 angeführte weite Abgrenzung der versicherungsfremden Leistungen zu Grunde, so zählen zu diesen Leistungen auch die **arbeitsmarktbedingten Berufs- und Erwerbsunfähigkeitsrenten** (arbeitsmarktbedingte BU/EU-Renten) und die **Altersrenten vor dem 65. Lebensjahr**. Zu den letzteren gehören in der knRV besonders die Altersrenten wegen Arbeitslosigkeit und die Altersrenten für Schwerbehinderte, Berufs- und Erwerbsunfähige. Bei beiden Leistungen übernimmt die Rentenversicherung Aufgaben, die eher als Aufgaben der Arbeitslosenversicherung anzusehen sind. Die Absicherung des Risikos der Arbeitslosigkeit ist nicht die Aufgabe einer Altersversicherung und deshalb als versicherungsfremd anzusehen.

Ähnlich ist auch die Zahlung der **Knappschaftsausgleichsleistung** (KAL) zu beurteilen. Obwohl die Gewährung einer KAL an bestimmte Anspruchsvoraussetzungen gebunden ist, handelt es sich dennoch nicht um eine Rente im herkömmlichen Sinn. Sie setzt, wie die anderen Rentenarten, keine verminderte Erwerbs- oder Berufsfähigkeit voraus, sondern knüpft an der Art der Tätigkeit (langjährige Untertagearbeit) und strukturell bedingten Schließungen von Bergbauunternehmen an. Die Gewährung einer solchen „Rente" ist nicht die Aufgabe einer Altersversicherung. Eine solche Leistung müßte, wenn sie nicht vom Staat bezahlt wird, von der Bundesanstalt für Arbeit geleistet werden. Für die knRV ist sie eindeutig als versicherungsfremd anzusehen.

In der knRV existiert nach §106 SGB VI ein **Zuschuß zur Krankenversicherung der Rentner** als Zusatzleistung (KVdR-Zuschuß). Dieser Zuschuß wird allen Rentnern gewährt, die *freiwillig* in der knKV versichert sind. Die Höhe dieses Zuschusses entspricht dem Krankenversicherungsbeitrag, den die Rentenversicherungsträger für Pflichtversicherte zu tragen haben. Während es sich bei den Beiträgen für Pflichtversicherte um einen Rentenbestandteil handelt, dem auch Beiträge gegenüberstehen, so handelt es sich beim Beitragszuschuß für freiwillig Versicherte um eine Leistung, die außerhalb der allgemeinen Rentenzahlung getragen wird. Auch hier handelt es sich um eine versicherungsfremde Leistung.

[198] vgl. [REHFELD/LUCKERT89], S. 51 und [RULAND95], S. 33.

11.1.3 Schätzung der versicherungsfremden Leistungen in der knRV im Vergleich zur RV der Arbeiter und Angestellten

Abschätzungen über das Ausmaß der versicherungsfremden Leistungen besonders für die RV der Arbeiter und Angestellten erfreuen sich zunehmender Beliebtheit[199]. Die Ergebnisse dieser Quantifizierungen stimmen jedoch nicht immer überein, zumal bereits angesprochen wurde, daß noch nicht einmal Einigkeit darüber besteht, welche Einzelleistungen genau als versicherungsfremd einzustufen sind und welche nicht.

Abgesehen von diesen Abgrenzungsproblemen bestehen noch ermittlungstechnische Schwierigkeiten bei der Quantifizierung der einzelnen Anteile. Dabei besteht auch hier ein Unterschied zwischen den versicherungsfremden Anteilen am Rentengesamtleistungs- und am Rentenbetragsvolumen.

Rund 99% der Versicherten in der GRV erhalten Renten, in denen ein gewisser Anteil an versicherungsfremden Bestandteilen enthalten ist[200]. Bezüglich der Anteile am Rentenbetragsvolumen müßte im Rahmen einer umfassenden Bestimmung der genauen Anteile der Einzelleistungen jede einzelne Rente genau in ihre Leistungsbestandteile aufgespalten werden, damit die Anteile an versicherungsfremden und nicht versicherungsfremden Leistungen festgestellt werden können.

Ein Beispiel mag zur Verdeutlichung dienen: In einem bestimmten Jahr bezog ein bestimmter Rentner der knRV 1.319 DM als monatliche Rente. Von diesem Gesamtbetrag entfielen 1.064 DM auf nicht versicherungsfremde Leistungen, der Rest, also 255 DM, resultierte aus versicherungsfremden Leistungen[201]. Für diesen einzelnen Rentner können aus seiner persönlichen Rentenbiografie die einzelnen Anteile der versicherungsfremden Einzelleistungen relativ leicht errechnet werden. Für diesen Rentner kann man z.B. einen Betrag von 22,78 DM ermitteln, den er auf Grund der Berücksichtigung von beitragsmindernden Zeiten erhält.

Eine derart personenbezogene Ermittlung der einzelnen Anteile der versicherungsfremden Leistungen am Rentenbetragsvolumen kann nur mit hohem datenmäßigem Aufwand erfolgen. Deshalb werden diese Daten nur stichprobenweise und im Rahmen von Sonderuntersuchungen erhoben. Durch diese Erhebungspraxis kann es selbst bei gleicher formaler Abgrenzung der Einzelleistungen je nach Wahl der Stichprobe zu unterschiedlichen quantitativen Anteilen der versicherungsfremden Leistungen kommen.

---

[199] Dies wurde besonders deutlich bei der Diskussion um die Erhöhung der Umsatzsteuer um einen Prozentpunkt ab 1.1.1998. Die zusätzlichen Steuereinnahmen sollen dazu verwendet werden, den BZ zur RV der Arbeiter und Angestellten zu erhöhen, um einen größeren Anteil der versicherungsfremden Leistungen über den Bundeshaushalt zu finanzieren und eine Erhöhung des Rentenbeitragssatzes zu verhindern; vgl. [SCHLENGER98], S. 1ff.

[200] vgl. [FACHAUSSCHUSS FÜR VERSICHERUNG UND RENTE87], S. 23.

[201] Diese Zahlen sind einer „Sondererhebung versicherungsfremde Leistungen“ entnommen. Sie beziehen sich auf die durchschnittliche Rente eines Knappschaftsrentners im Jahre 1986; vgl. [FACHAUSSCHUSS FÜR VERSICHERUNG UND RENTE87], Tabelle 3.1.

Tabelle 16: Vergleich der versicherungsfremden Leistungen in der knRV und der RV der Arbeiter und Angestellten - alle Angaben in Prozent

	knRV	RV der Arb/Ang
1. Gesamtleistungsvolumen	**100**	**100**
2. versicherungsfremde Teile am Rentengesamtleistungsvolumen	**17,6**	**13,3**
davon • KVdR/PflVdR-Zuschüsse	0,5	2,2
• arbeitsmarktbedingte BU/EU-Renten	1,3	1,8
• Altersrenten vor dem 65. Lebensjahr	12,4	6,3
• KAL	1,9	
• Sonstige	1,5	3,0
3. Rentenbetragsvolumen (1.-2.)	**82,4**	**86,7**
4. versicherungsfremde Teile am Rentenbetragsvolumen	**22,8**	**20,9**
davon • Ausfall-/Anrechnungs-/Ersatzzeiten	13,2	9,7
• FRG-Zeiten	8,4	3,4
• Höherbewertung Berufsausbildung	na	2,9
• Kindererziehungszeiten/-leistungen	0,4	2,1
• Rente nach Mindesteinkommen	0,6	1,4
• Sonstige	0,2	1,4
5. versicherungsfremde Leistungen (2.+4.)	**40,4**	**34,2**
6. nicht versicherungsfremde Lst. (1.- 5.)	**59,6**	**65,8**

Quelle: [STÖRMANN96], S. 41; [VDR97B], S. 4ff; eigene Berechnungen.

Etwas einfacher lassen sich die versicherungsfremden Anteile am Rentengesamtleistungsvolumen ermitteln. Auch wenn sich die Quantifizierung hier ebenfalls auf Stichproben stützt, so können diese Anteile doch relativ geradlinig aus den Rentenbestandsstatistiken abgeleitet werden.

Für die vorliegende Untersuchung konnte wegen eben dieser Quantifizierungsprobleme keine eigenen Schätzung der versicherungsfremden Anteile vorgenommen werden. Die genauen Anteile, die die Einzelbestimmungen am Gesamtleistungsvolumen und am Rentenbetragsvolumen sowohl der knRV als auch der RV der Arbeiter und Angestellten haben, können nur anhand von Drittschätzungen näherungsweise abgeleitet werden. In Tabelle 16 werden aktuelle Schätzungen der Anteile der versicherungsfremden Leistungen in der knRV und der RV der Arbeiter und Angestellten gegenübergestellt. Diese Zahlen stammen aus dem Jahre 1995, eine neuere Schätzung liegt zum gegenwärtigen Zeitpunkt nicht vor.

Die Anteile der versicherungsfremden Leistungen in der knRV liegen nach Tabelle 16 deutlich über denen in der RV der Arbeiter und Angestellten. Dies ist hauptsächlich auf zwei Gründe zurückzuführen:

1. Der Anteil der Altersrenten vor dem 65. Lebensjahr ist in der knRV fast doppelt so hoch wie in der RV der Arbeiter und Angestellten. Dies ist nicht weiter verwunderlich, betrachtet man allein die Anteile, die die Renten wegen Arbeitslosigkeit und die für Schwerbehinderte, Berufs- und Erwerbsunfähige am Gesamtrentenbestand der knRV-West haben: 1995 wurden 16,2% (in der RV der Arbeiter und Angestellten 4,2%) als Altersrenten wegen Arbeitslosigkeit ausgezahlt, 11,4% (3,4%) der Renten gingen an Schwerbehinderte, Berufs- oder Erwerbsunfähige[202].

2. Der Anteil der Zeiten nach dem Fremdrentengesetz (FRG-Zeiten) ist in der knRV mehr als doppelt so hoch, wie in der RV der Arbeiter und Angestellten. Diese Daten decken sich mit der Einschätzung aus Abschnitt 8.2, daß die knRV durch die Bestimmungen des Fremdrentengesetzes weit stärker belastet ist, als die RV der Arbeiter und Angestellten.

Zusätzlich fallen in der knRV Zahlungen im Rahmen der KAL an, denen kein vergleichbarer Posten in der RV der Arbeiter und Angestellten gegenübersteht. Alle anderen Posten sind in der knRV zum Teil deutlich kleiner als in der RV der Arbeiter und Angestellten[203].

Bei den vorgestellten Untersuchungen handelt es sich um zeitpunktbezogene Analysen. Die einzelnen Anteile sind ständigen Änderungen unterworfen: Durch den zurückgehenden Zuzug von Aussiedlern kann mit einer Abnahme der Anteile der FRG-Zeiten gerechnet werden. Diese Abnahme dürfte sowohl in der knRV als auch in der RV der Arbeiter und Angestellten allerdings durch den Anstieg bei der Frühverrentung[204] und dem Anstieg bei den Anrechnungszeiten vor allem wegen Arbeitslosigkeit mehr als kompensiert werden. Mit einer signifikanten Abnahme der versicherungsfremden Leistungen in den nächsten Jahren ist deshalb nicht zu rechnen.

11.1.4 Abgrenzung der Bundeszuschüsse

Sowohl die RV der Arbeiter und Angestellten als auch die knRV haben also Ausgaben für versicherungsfremde Leistungen zu tätigen. Da der BZ zur knRV rund 59% der Einnahmen der knRV abdeckt, Tabelle 16 zufolge knapp 40% der Einnahmen für versicherungsfremde Leistungen aufgewendet werden müssen, kommt es in der knRV zu einer **Überdeckung** dieser Leistungen. In der RV der Arbeiter und Angestellten erfolgt dagegen eine **Unterdeckung**: Laut Tabelle 16 entfielen 1995 34% der Ausgaben auf versicherungsfremde Leistungen. Im gleichen Jahr betrug der Anteil des BZ an den Einnahmen jedoch nur 17%[205]. Durch den BZ wurde also nur die Hälfte der versicherungsfremden Leistungen finanziert.

[202] vgl. [DEUTSCHER BUNDESTAG96], Übersicht I 6, S. 112 und Übersicht II 6, S. 180.

[203] Eine Ausnahme bilden die Ausfall-/Anrechnungs-/Ersatzzeiten: Leider werden die Angaben zu diesem Posten nicht weiter aufgeschlüsselt, so daß ein Vergleich der Zahlen aus der knRV und der RV der Arbeiter und Angestellten nur sehr eingeschränkt möglich ist.

[204] Die neue Vorruhestandsregelung, die am 14. Februar 1996 in Kraft trat, dürfte wegen der Bestandsschutzbestimmungen wohl erst mittel- bis langfristig Wirkung zeigen.

[205] vgl. Tabelle 27.

Der BZ zur RV der Arbeiter und Angestellten wird vollständig zur Finanzierung der versicherungsfremden Leistungen aufgebraucht, während in der knRV nach Abzug der Ausgaben für die versicherungsfremden Leistungen noch ein Teil der Finanzmittel aus dem BZ zur knRV für die Finanzierung anderer Ausgabenbestandteile übrig bleibt. Eine Quantifizierung dieser Ausgabenanteile baut auf der in Abschnitt 11.1.1 angegebenen Referenzlage auf. Diese Referenzlage wird nun durch das vorliegende Zahlenmaterial konkretisiert, d.h. die Referenzlage besteht nun darin, daß in der der RV der Arbeiter und Angestellten nur die Hälfte der versicherungsfremden Leistungen durch den BZ finanziert wird.

Um für die Versicherten der beiden Versicherungszweige „gleiche Verhältnisse“ zu erreichen, dürfte auch in der knRV nur die Hälfte der versicherungsfremden Leistungen über den BZ finanziert werden. Dies ergibt folgende Rechnung:

40,4% der Gesamtausgaben der knRV von 21 Mrd. DM müssen für versicherungsfremde Leistungen aufgewendet werden ⇒ dies ergibt 8,5 Mrd. DM Ausgaben für versicherungsfremde Leistungen ⇒ gemäß Referenzlage „dürfen“ davon nur 50% = 4,2 Mrd. DM über den BZ finanziert werden ⇒ der BZ beträgt aber 12,4 Mrd. DM ⇒ in der knRV entsteht eine Überdeckung von 8,2 Mrd. DM, die für andere Ausgabenbestandteile aufgewendet werden können

Dies ergibt folgendes Zwischenergebnis: **Allein die Höhe der versicherungsfremden Leistungen in der knRV rechtfertigt den hohen BZ zur knRV nicht. Die knRV erhält über den BZ Transfers, die die RV der Arbeiter und Angestellten nicht erhält. Damit weisen die beiden Bundeszuschüsse nicht den gleichen Charakter auf.**

11.2 Weitere Transfers an die knRV durch den BZ

In den folgenden Abschnitten werden die Ausgabenbestandteile der knRV konkretisiert, für die die Mittel aus dem BZ zur knRV neben der Finanzierung der versicherungsfremden Leistungen noch aufgewendet werden. Abgeschätzt werden die Ausgabenanteile, die in der knRV auf Grund der bergbauspezifischen Rentenarten und der höheren knappschaftlichen Renten anfallen.

11.2.1 Die knappschaftlichen Rentenausgaben

Für die folgende Analyse ergibt sich eine leicht abgewandelte Referenzlage. Im Vordergrund steht jetzt nicht mehr der BZ zur RV der Arbeiter und Angestellten und sein Finanzierungsanteil an den versicherungsfremden Leistungen. In den nächsten Abschnitten spielt es keine unmittelbare Rolle, daß durch den BZ zur RV der Arbeiter und Angestellten eine Unterdeckung erfolgt; es wird im Gegenteil akzeptiert, daß der BZ zur knRV die Ausgaben für die versicherungsfremden Leistungen vollständig finanziert. In Anlehnung an Tabelle 15 ergibt sich der in Tabelle 17 dargestellte Zusammenhang:

Tabelle 17: Darstellung der Einnahmen und Ausgaben der knRV nach dem 1. Schritt

Einnahmen	**Ausgaben**
Beiträge (38%)	knKV/PflVdR (6,5%)
= Beitragseinnahmen (11%)	WV (3%)
+ Wanderversicherung (27%)	Sonstige (3%)
Sonstige (3%)	beitragsfinanzierte Rentenausgaben (28,5%)
Saldo (59%)	nicht beitragsfinanzierte Rentenausgaben (59%)
= Bundeszuschuß	= Ausgaben für versicherungsfremde Lstg. (40,4%)
	+ noch nicht zuordenbare Rentenausgaben
	2. Schritt: Wie hoch ist dieser Anteil?

Anzumerken ist, daß die Ausgaben für die knKV/PflV der Rentner um den Anteil (0,5 Prozentpunkte) an den Ausgaben gekürzt werden mußte, der auf die versicherungsfremden Leistungen entfällt. Der Anteil der beitragsfinanzierten Rentenausgaben steigt damit um 0,5 Prozentpunkte an.

Analysiert wird im 2. Schritt, ob es sich bei den nicht zuordenbaren Rentenausgaben um Ausgaben handelt, die möglicherweise durch die Ausgaben für die höheren knappschaftlichen Renten bzw. die bergbaulichen Rentenarten entstehen. Diese Rentenausgaben werden zusammenfassend als **knappschaftliche Rentenausgaben** bezeichnet.

11.2.2 Transfers zur Finanzierung der knappschaftlichen Rentenausgaben?

Die knappschaftlichen Rentenausgaben umfassen im einzelnen die Ausgaben für die **bergbauspezifischen Rentenarten**, d.h. die Rente für Bergleute, Altersrenten für langjährig unter Tage beschäftigte Bergleute usw.[206], und die in der knRV **höheren Renten** für alle Versicherten. Beide Bestandteile dieser Rentenausgaben führen dazu, daß die Ausgabenbelastung der knRV relativ höher liegt als in der RV der Arbeiter und Angestellten, da diese Rentenausgaben in der RV der Arbeiter und Angestellten nicht entstehen können.

11.2.2.1 Einige Vorüberlegungen Die knappschaftlichen Rentenausgaben können nicht in ihrer Gesamtheit als Mehrausgaben angesetzt werden, die ausschließlich über den BZ zur knRV zu finanzieren sind. Dies hat vor allem drei Gründe:

[206] vgl. Abschnitt 7.1.

1. Die durchschnittlichen Rentenhöhen in der knRV liegen beträchtlich über denen in der RV der Arbeiter und Angestellten. Im Jahr 1995 lag die durchschnittliche knappschaftliche Rente um immerhin 97% über der durchschnittlichen Rente der RV der Arbeiter und Angestellten[207].

2. Die Beitragssätze zur knKV liegen jedoch bis zu 33% über den Beitragssätzen der RV der Arbeiter und Angestellten. Dies resultiert aus den höheren Arbeitgeberanteilen in der knRV.

3. Die Beitragsbemessungsgrenze in der knRV-West lag 1995 um 23% über der Beitragsbemessungsgrenze der RV der Arbeiter und Angestellten.

Durch die höheren Beitragssätze entstehen höhere Beitragseinnahmen. Durch die höheren Beitragsbemessungsgrenzen werden entsprechend auch höhere Einkommen proportional zu größeren Beitragsleistungen herangezogen, ebenso steigen auch die höchsten Renten an. Daraus würden nach der Logik des Umlageverfahrens auch im Vergleich zur RV der Arbeiter und Angestellten höhere Renten in der knRV resultieren, wenn die Versichertenstrukturen sich in beiden Alterssicherungszweigen entsprechen würden, d.h. wenn man davon ausgehen könnte, daß die Beitragssätze in beiden Versicherungszweigen so festgelegt würden, daß sich Einnahmen und Ausgaben einer Periode ausgleichen würden.

Diese Bedingung ist im Fall der knRV verletzt[208]. Dies wird deutlich durch die unterschiedlichen Verhältnisse von aktiven Beitragszahlern zu Rentenfällen und die unterschiedliche Struktur der Einnahmen in beiden Versicherungszweigen. Dennoch ergibt sich das Problem, die Höhe der Renten zu bestimmen, die den Versicherten der knRV auf Grund der höheren Beitragssätze und Beitragsbemessungsgrenze im Vergleich zu den Versicherten der RV der Arbeiter und Angestellten „zustehen".

Eine Abschätzung dieser Größenordnung mag an dieser Stelle genügen: Dadurch, daß die Beitragssätze zur knRV um ein Drittel über denen der RV der Arbeiter und Angestellten liegen, dürften die beitragspflichtigen Einnahmen der knRV unter der Annahme etwa gleicher Einkommensstrukturen in der Bergbaubranche im Vergleich zu anderen Wirtschaftsbranchen ceteris paribus die beitragspflichtigen Einnahmen der RV der Arbeiter und Angestellten um etwa ein Drittel übersteigen. Die um 23% höheren Beitragsbemessungsgrenze dürfte einen vernachlässigbaren Effekt sowohl auf die Mehreinnahmen als auch auf die maximalen Rentenhöhen haben, da die Einkommensgruppen, von denen in der knRV durch die höheren Bemessungsgrenzen proportional höhere Beiträge eingenommen werden, schwach besetzt sind[209]. Damit sollte sich ein Rentenniveau der knRV ergeben, das nur ein Drittel über dem der RV der Arbeiter und Angestellten liegt.

---

[207] vgl. Tabelle 27 und die dort angegebene Literatur.

[208] Es gibt immer wieder Diskussionen, daß die Beitragssätze, die die Einnahmen und Ausgaben in der RV der Arbeiter und Angestellten im Gleichgewicht halten zu niedrig angesetzt seien. Da es nicht die Aufgabe dieser Arbeit ist, die gleichgewichtigen Beitragssätze für die RV der Arbeiter und Angestellten festzulegen, wird im folgenden angenommen, daß für den Betrachtungszeitraum eine gleichgewichtige Situation zumindest für die RV der Arbeiter und Angestellten vorliegt.

[209] vgl. [FRITZSCHE91], S. 316.

Die durchschnittlichen Rentenhöhen in der knRV liegen aber um fast 100% über denen in der RV der Arbeiter und Angestellten. Da die Rentenartfaktoren in der knRV auch nur um ein Drittel höhere Renten „erlauben“, wirken auf die knappschaftlichen Renten noch andere Einflüsse, die diese Renten weit über andere Renten steigen lassen. Ein beträchtlicher Anteil dieses Überschußbetrages (also des Betrags der Renten der knRV, der über der entsprechenden Rente in der RV der Arbeiter und Angestellten liegt), wird also nicht durch die Mehreinnahmen gedeckt, die aus den höheren Beitragssätzen und der höheren Beitragsbemessungsgrenze entstehen.

Wichtig ist in diesem Zusammenhang also die Feststellung, daß das Rentenniveau in der knRV weit über derjenigen Grenze liegt, die durch die höheren Parameter in der Rentenformel für die knRV festgelegt wird und die effektiv gezahlten hohen knappschaftlichen Renten nicht durch beitragspflichtige Einnahmen der knappschaftliche Versicherten gedeckt sein können.

Im nächsten Abschnitt wird derjenige Anteil an den Rentenausgaben bestimmt, der auf bergbauspezifische Rentenarten entfällt und derjenige Anteil, der dadurch entsteht, daß die knappschaftlichen Renten generell höher sind als die Renten in der RV der Arbeiter und Angestellten.

11.2.2.2 Der Anteil bergbauspezifischer Rentenarten Der Anteil der Rentenausgaben, der auf die bergbauspezifischen Rentenarten entfällt, läßt sich dadurch bestimmen, daß aus den drei Hauptrentengruppen **Renten wegen verminderter Erwerbsfähigkeit**, **Renten wegen Alters** und **Renten wegen Todes** die Rentenarten herausgerechnet werden, die nur an die Versicherten der knRV geleistet werden. Dies sind im einzelnen:

1. **Renten wegen verminderter Erwerbsfähigkeit:**
   - Renten für Bergleute wegen im Bergbau verminderter Erwerbsfähigkeit nach §45 Abs. 1 SGB VI
   - Renten für Bergleute wegen Vollendung des 50. Lebensjahres nach §45 Abs. 3 SGB VI
   - Renten wegen Berufsunfähigkeit nach §43 SGB VI i.V.m. §82 Nr. 2a
   - Renten wegen Berufsunfähigkeit nach §43 SGB VI i.V.m. §82 Nr. 2b
2. **Renten wegen Alters:**
   - Altersrente für langjährig unter Tage beschäftigte Bergleute nach §40 SGB VI
3. **Renten wegen Todes:**
   Bei diesen Renten gibt es, bezogen auf die alten Bundesländer, keine bergbauspezifischen Rentenarten.

Leider stehen Daten zu den Leistungsausgaben pro Rentenart für die knRV nicht zur Verfügung. Deshalb müssen die Ausgaben pro Leistungsart auf Grund der vorhandenen Daten geschätzt und deren Anteil am Gesamtleistungsvolumen berechnet werden. Als Datenbasis wird das Jahr 1995 gewählt, die Analyse beschränkt sich auf die alten Bundesländer.

Um Doppelzählungen zu vermeiden, wurden die Rentenausgaben jeweils um die versicherungsfremden Leistungen vermindert. Eigentlich müßte dafür jede individuelle Rente um ihren spezifischen versicherungsfremden Anteil verringert werden. Da dies jedoch nicht möglich ist, weil die persönlichen Rentenbiographien der knRV vertraulich sind, wird auch hier wieder auf eine Abschätzung zurückgegriffen: Als Näherung wurden alle Rentenausgaben um den Anteil der versicherungsfremden Leistungen an den Rentenausgaben der knRV, d.h. um 40,4% verringert. Im einzelnen ergibt sich das in Tabelle 18 dargestellte Ergebnis.

Tabelle 18: Geschätzter Anteil der bergbauspezifischen Renten**arten** an den Rentenausgaben 1995

	Rentenausgaben		
	gesamt	**bergbauspezifische Rentenarten**	
Rentenart	in Mio. DM	in Mio. DM	in %
EU/BU-Renten	824	303	2,7%
Renten wegen Alters	7.527	195	1,7%
Renten wegen Todes	2.959	-	-
Gesamt	**11.310**	**498**	**4,4%**

Quelle: KOMPASS 2/1996, S. 110; KOMPASS 4/1996 S. 181; [DEUTSCHER BUNDESTAG96], Tabelle I 7, S. 116; eigene Berechnungen.

Aus Tabelle 18 geht hervor, daß der Anteil der Rentenausgaben, der auf bergbauspezifische Rentenausgaben entfällt, mit 498 Mio. DM oder 4,4% der Rentenausgaben der knRV, nicht bedeutend ist[210]. Damit sind allerdings noch nicht die gesamten Ausgaben angegeben worden, die auf bergbauspezifische Leistungen entfallen. Im folgenden Abschnitt werden deshalb die knappschaftlichen Rentenhöhen analysiert.

11.2.2.3 Die knappschaftlichen Rentenhöhen Nicht zuletzt auf Grund der höheren Rentenartfaktoren in der knRV fallen die Renten in der knRV höher aus als in der RV der Arbeiter und Angestellten. In diesem Abschnitt wird der Anteil an den Rentenausgaben der knRV geschätzt, der hierauf zurückzuführen ist. Zu diesem Zweck werden die

[210] Zu den bergbauspezifischen Rentenarten müßte auch die Knappschaftsausgleichsleistung gerechnet werden. Da diese aber bereits im Rahmen der versicherungsfremden Leistungen der knRV einmal quantifiziert wurde, wird sie zur Vermeidung von Doppelzählungen hier nicht mehr aufgeführt.

Rentenzahlbeträge verglichen, die auf die Rentenarten entfallen, die sowohl in der knRV als auch in der RV der Arbeiter und Angestellten geleistet werden.

Auch hier müssen Doppelzählungen vermieden werden: wie bereits in Abschnitt 11.1.3 erläutert wurde, enthält jeder Rentenzahlbetrag versicherungsfremde Anteile. Um diese Anteile müssen die Rentenzahlbeträge im vorliegenden Fall verringert werden. Dies ist ebenfalls nur näherungsweise möglich: Die Rentenzahlbeträge der RV der Arbeiter und Angestellten werden um 17% vermindert, d.h. um denjenigen Anteil an den versicherungsfremden Leistungen, die über den BZ gedeckt sind. Die Rentenzahlbeträge der knappschaftlichen Renten werden um die gesamten Anteil der versicherungsfremden Leistungen, also 40,4%, gesenkt, weil diese vollständig über den BZ finanziert werden. Aus den modifizierten Rentenzahlbeträgen wird dann die Differenz gebildet und diese mit dem Rentenbestand der einzelnen Rentenarten gewichtet. Es ergibt sich das Tabelle 19 dargestellte Ergebnis.

Tabelle 19: Geschätzter Anteil der Rentenausgaben wegen **höherer Knappschaftsrenten**

Rentenart	**Betrag, der über Arb/AngRV-Renten hinausgeht**
Renten wegen verminderter Erwerbsfähigkeit	-2 Mio. DM
Renten wegen Alters	1.320 Mio. DM
Renten wegen Todes	142 Mio. DM
Gesamt	**1.460 Mio. DM**

Quelle: vgl. Tabelle 18

Aus Tabelle 19 geht hervor, daß mit 1,46 Mrd. DM ein nicht unerheblicher Teil der gesamten Rentenausgaben der knRV allein darauf verwendet werden muß, die höheren knappschaftlichen Renten zu bezahlen.

Damit müssen als **knappschaftliche Rentenausgaben** insgesamt 1.958 Mio. DM (also 498 Mio. DM + 1.460 Mio. DM) oder rund 9% der gesamten Rentenausgaben der knRV dafür aufgewendet werden, um die bergbauspezifischen Renten und die höheren knappschaftlichen Renten zu finanzieren. Diese 2 Mrd. DM sind somit Ausgaben, die in der RV der Arbeiter und Angestellten nicht entstehen können und aus den Sonderleistungen der knRV resultieren.

11.3 Transfers an die Versicherten der knRV

Nach Abschluß des 2. Schrittes der Analyse wird Tabelle 17 fortgeschrieben zu Tabelle 20.

Es ergeben sich folgende Ausgabenbestandteile, die nicht beitragsfinanziert sind:

Tabelle 20: Darstellung der Einnahmen und Ausgaben der knRV nach dem 2. Schritt

Einnahmen	**Ausgaben**
Beiträge (38%)	knKV/PflVdR (6,5%)
= Beitragseinnahmen (11%)	WV (3%)
+ Wanderversicherung (27%)	Sonstige (3%)
Sonstige (3%)	beitragsfinanzierte Rentenausgaben (28,5%)
Saldo (59%)	nicht beitragsfinanzierte Rentenausgaben (59%)
= Bundeszuschuß	= Ausgaben für versicherungsfremde Lstg. (40,4%)
	+ knappschaftliche Rentenausgaben (9%)
	+ nicht knappschaftliche, nicht beitragsfinanzierte RA (9,6%)

- 40,4% oder 8,4 Mrd. DM entfallen auf die versicherungsfremden Leistungen.
- 9% der Gesamtausgaben bzw. 2 Mrd. DM entfallen auf die knappschaftlichen Rentenausgaben.
- Damit ergibt sich ein Anteil von 9,6% der Gesamtausgaben oder 2 Mrd. DM, der weder für versicherungsfremde Leistungen aufgewendet wird, noch für knappschaftliche Rentenausgaben zur Verfügung steht. Sie sind damit nicht auf die Sonderleistungen bzw. die Überdeckung der versicherungsfremden Leistungen zurückzuführen, sondern entstehen der Art nach in der RV der Arbeiter und Angestellten ebenfalls, werden dort aber beitragsfinanziert.

Der BZ finanziert damit Rentenausgaben, die in zwei unterschiedliche Kategorien fallen:

1. Kategorie 1: Vom Bund zu finanzierende Ausgabenanteile:
   Hierunter fallen die nicht beitragsfinanzierten, nicht knappschaftlichen Rentenausgaben mit 2 Mrd. DM ebenso wie der Anteil der versicherungsfremden Leistungen, der gemäß Referenzlage über den BZ zu finanzieren ist, mit 4,2 Mrd. DM. Über den BZ können damit 6,2 Mrd. DM oder 50% des BZ finanziert werden, da diese Ausgabenanteile in der RV der Arbeiter und Angestellten auch anfallen.

2. Kategorie 2: Ausgabenanteile, die in der RV der Arbeiter und Angestellten kein Äquivalent haben:
   Hierunter fallen die 50% der Ausgaben für versicherungsfremde Leistungen, die in der knRV durch den BZ überdeckt werden (4,2 Mrd. DM), ebenso wie die knappschaftlichen Rentenausgaben mit 1,9 Mrd. DM. Damit ergibt sich ein Ausgabenanteil von 6,1 Mrd. DM, der in der RV der Arbeiter und Angestellten nicht entstehen kann.

11.4 Zusammenfassung: Umverteilung durch den BZ

Der BZ zur knRV stellt ebenso wie der BZ zur RV der Arbeiter und Angestellten einen Transfer an die Versicherten dar. Die Versicherten der knRV erhalten deutlich höhere Transfers als die Versicherten der RV der Arbeiter und Angestellten. Damit haben die Bundeszuschüsse nicht nur de jure, sondern auch de facto einen deutlich unterschiedlichen Charakter.

Daraus kann allerdings keine Subventionierung des Bergbaus im Sinne der Subventionsabgrenzung des Abschnitts 10.2 abgeleitet werden. Dies ist folgendermaßen zu begründen: Nur die Transfers, die für die Ausgaben der Kategorie 2 aufgewendet werden, stellen gemäß Referenzlage „reine“ Transfers an die Versicherten der knRV dar und sind als solche Transfers anzusehen, die auf Grund der besonderen Situation bzw. der Sonderleistungen der knRV entstehen. Insofern kommt durch diese Transfers eine „Besserstellung“ der Versicherten der knRV zustande.

Diese Besserstellung erfolgt in zweifacher Weise:

1. Durch die Überdeckung der versicherungsfremden Leistungen in der knRV kommt es zu einer Umverteilung hin zu den Versicherten der knRV. Im Gegensatz zur knRV muß in der RV der Arbeiter und Angestellten muß die Hälfte der Ausgaben hierfür durch die Beitragseinnahmen gedeckt werden. Dadurch kommt es zu einer „Besserstellung“ der Versicherten der knRV.

2. Auch die Finanzierung der knappschaftlichen Rentenarten, die nicht über die Beitragseinnahmen gedeckt werden können, führt dazu, daß die Versicherten der knRV bessergestellt werden als die Versicherten der RV der Arbeiter und Angestellten. Hier liegt ein ähnlicher Umverteilungsvorgang vor.

Diese Transfers bewirken einen Übergang von Geldmitteln von der Gruppe der Steuerzahler hin zu der Gruppe der Versicherten der knRV. Dieser Übergang führt allerdings nur zur **Umverteilung** dieser Geldmittel; daraus resultiert keine allokative Verzerrung in irgendeiner Art, da dadurch die laufende Produktion der Unternehmen des Bergbaus nicht beeinflußt wird. Es handelt sich somit nicht um Transfers, die einen Subventionscharakter haben, sondern um Transfers, die ausschließlich umverteilend wirken.

Ein direkter Bezug zur laufenden Produktion kann deshalb nicht hergestellt werden, weil sich die Betrachtung auf Bestandsrenten konzentriert: Es werden also hier Rentenansprüche befriedigt, die im Zusammenhang mit der Produktion **der Vergangenheit** entstanden sind.

Es stellt sich aber an dieser Stelle die Frage, ob nicht die hierfür ursächlichen Sonderregelungen eine Subventionierung der **heutigen Produktion** verursachen. Im Zusammenhang mit der heutigen Produktion entstehen schließlich in gleicher Weise Rentenansprüche, die in der Zukunft zu finanzieren sind. Die Fragestellung nach der Verwendung, und damit der Wirkung, des BZ in einer Periode, so wie sie in diesem Abschnitt untersucht wurde, ist also die Grundlage für die Untersuchung, ob die Sonderregelungen für die knRV eine Lastverschiebung in die Zukunft zugunsten der heutigen Produktion im Bergbausektor zur Folge haben.

12 Subventionierung durch den BZ?

Die Abgrenzung der Bundeszuschüsse an die RV der Arbeiter und Angestellten und an die knRV erfolgte im Rahmen einer einperiodischen, statischen Betrachtung. Die Entstehung der Renten**ansprüche** wurde dabei vollkommen außer Acht gelassen. Wichtig war nur, daß zu jedem Zeitpunkt die Renten der Rentnergeneration durch die Beiträge der Generation der Erwerbstätigen zu finanzieren sind. Der Ansatz orientierte sich ausschließlich an der „Mechanik des Umlageverfahrens".

Bei einer Analyse, die sich auf die Rentenansprüche konzentriert, steht nicht mehr im Vordergrund, wie der bestehende Rentenbestand finanziert wird, sondern „wer" diese Entstehung zu verantworten hat: Die heute bestehenden, über Jahrzehnte hinweg erworbenen Rentenansprüche sind auf politische Entscheidungen in der Vergangenheit zurückzuführen. Durch diese Entscheidungen wurde in Kauf genommen, daß Belastungen in die Zukunft verschoben wurden. Die heute daraus entstehenden Ausgaben dürfen nicht der *heutigen* Produktion bzw. den *derzeit* Beschäftigten im Bergbau angelastet werden. Die heutige Belastung läßt sich in zwei Komponenten aufspalten:

1. Ein Großteil der heutigen finanziellen Belastung der knRV ist aus dem Branchenbezug dieser Versicherung entstanden. Aus diesem Branchenbezug ergibt sich die sog. **„besondere" Alterslast**. Diese besondere Alterslast wurde durch gesetzliche Regelungen in der Vergangenheit verursacht, auf die die Unternehmen und die Beschäftigten des Bergbaus heute keinen Einfluß haben.

2. Nicht allein die besondere Alterslast, sondern auch die günstigeren Rentenregelungen in Form der einfacheren Rentenbezugsmöglichkeiten bzw. der höheren Knappschaftsrenten bringen die hohe Ausgabenbelastung der knRV mit sich. Auch diese Belastungen sind auf Festlegungen in der Vergangenheit zurückzuführen.

Würden die aus diesen beiden Komponenten bestehende finanzielle Belastung den heutigen Unternehmen des Bergbaus oder den Beschäftigten angelastet, so würde dadurch die Allokation im Bergbau verzerrt: Die heutige Produktion hätte finanzielle Lasten zu tragen, die bedingt durch staatliche Entscheidungen in der Vergangenheit entstanden sind. Andere Energieträger, die keinen „historischen Ballast mit sich herumtragen" würden relativ bevorzugt. Die finanziellen Belastungen müssen daher vom Staat als „Verursacher" getragen werden; durch diese staatliche Finanzierung kann eine **Neutralisierung** der (bewußten oder unbewußten) Entscheidung zur Lastverschiebung in die Zukunft erreicht werden.

Läßt man also die Bestandsrentenfinanzierung vorerst außer Acht und konzentriert sich nur auf die Entstehung der Rentenansprüche, stellt sich statt dessen die Frage, ob im Zusammenhang mit der **heutigen** Produktion die entrichteten Beiträge und die daraus entstehenden Rentenansprüche einander angemessen sind. Eine mögliche Subventionierung des Bergbaus über den Umweg der knRV läge z.B. dann vor, wenn mit Hilfe des BZ die

Beitragssätze, die heute erhoben werden, niedriger gehalten werden und die tatsächlichen Beitragszahlungen die späteren Rentenzahlungen deswegen nicht ausgleichen können. Erst durch diese zu niedrigen Beitragssätze würde die heutige Produktion und Beschäftigung im Bergbau beeinflußt.

Im ersten der nun folgenden Abschnitte wird die „besondere“ Alterslast charakterisiert und deren Anteil an den Rentenausgaben der knRV bestimmt. Das Konzept der besonderen Alterslast reicht jedoch zur Subventionscharakterisierung nicht aus, da es zwar den Anteil der Belastung bestimmt, der in der Vergangenheit entstand und in die Zukunft verschoben wird.

Keine Aussage kann jedoch darüber getroffen werden, ob die heutigen Beitragsleistungen zu hoch oder zu niedrig sind, die zukünftigen Rentenansprüche zu befriedigen. Dieser Teil der Analyse erfolgt im Rahmen eines intertemporal ausgerichteten Modells in Abschnitt 12.2.

12.1 Vorüberlegungen: Die „normale“ und die „besondere“ Alterslast

12.1.1 Die Charakterisierung der besonderen Alterslast

Eines der zentralen Probleme der knRV ist das der „besonderen Alterslast“. Es ist das Wesen des Generationenvertrages, daß die Rentenansprüche, die von früheren Erwerbstätigengenerationen erworben wurden, von den derzeit Beschäftigten finanziert werden müssen. Diese Finanzierung erfolgt nach dem Umlageverfahren ausschließlich aus den heutigen Rentenversicherungseinnahmen.

Ein solches System funktioniert nur dann einwandfrei, solange sich die Zahl der Erwerbstätigen und die der Rentner synchron entwickeln. Sobald eine der beiden Generationen schneller wächst als die andere, kommt es zu intergenerationalen Umverteilungswirkungen zugunsten derjenigen Generation, die relativ schneller wächst, d.h. wächst die Generation der Rentner stärker als die der Erwerbstätigen, müssen weniger Erwerbstätige für mehr Rentner aufkommen und es kommt zu Umverteilungswirkungen zugunsten der Rentnergeneration und vice versa.

Intergenerationale Umverteilungseffekte zugunsten der Rentnergeneration bestehen derzeit (und wohl noch auf lange Zeit) sowohl in der RV der Arbeiter und Angestellten als auch in der knRV. Diese Belastungen werden im folgenden als **„normale“ Alterslast** bezeichnet.

In der knRV wäre die Belastung der Erwerbstätigengeneration ohne BZ allerdings ungleich größer als in der RV der Arbeiter und Angestellten. Deshalb besteht für die knRV neben der „normalen“ Alterslast, die **„besondere“ Alterslast**, die hauptsächlich auf den strukturbedingten Beschäftigungsabbau im Bergbau zurückzuführen ist. Da mit einem Rückgang der besonderen Alterslast in Zukunft nicht zu rechnen ist und unter der

Voraussetzung, daß sich die gesetzlichen Regelungen zur knRV in Zukunft nicht ändern werden, werden deshalb auch in der Gegenwart in der knRV Belastungen in die Zukunft verschoben.

Die besondere Alterslast ist für die knRV ein exogener Einfluß, der durch die Branchenkonzentration der knRV auf die Bergbaubranche entstanden ist. Diese Belastung hat die RV der Arbeiter und Angestellten nicht zu tragen, da hier eventuelle branchenbedingte Rückgänge der Versichertenzahlen durch den Branchenmix eher im Kollektiv kompensiert werden können.

Auf Grund des im letzten Abschnitt angesprochenen „Verursacherprinzips“ ist es im vorliegenden intertemporalen Ansatz nicht die Aufgabe der knRV, strukturbedingte finanzielle Ungleichgewichte aufzufangen. Der knRV kann die Finanzierung der strukturbedingten Einnahmenausfälle, z.B. durch höhere Beiträge der Versicherten, nicht angelastet werden. Im Grunde genommen handelt es sich bei der Finanzierung solcher Einnahmenausfälle um eine staatliche Aufgabe, die nicht ausschließlich einem kleinen Teil von Versicherten angelastet werden kann, sondern als gesamtgesellschaftliche Aufgabe aus allgemeinen Steuereinnahmen bezahlt werden müßte. Hierfür ist in der knRV der BZ im Rahmen der Defizithaftung zu verwenden.

Aus den in der Einführung zu diesem Abschnitt angeführten Gründen handelt es sich bei der Finanzierung der besonderen Alterslast über den BZ zur knRV nicht um eine Subventionierung des Bergbaus.

12.1.2 Erster Ansatz zur Abschätzung der besonderen Alterslast

Die Abschätzung der besonderen Alterslast in der knRV baut wieder auf der RV der Arbeiter und Angestellten als Referenzmodell auf. Die normale Alterslast in der knRV sei als diejenige Alterslast definiert, die der Alterslast in der RV der Arbeiter und Angestellten in der jeweiligen Periode entspricht. Die besondere Alterslast in der knRV ergibt sich dann als Differenz der gesamten knappschaftlichen Alterslast in der jeweiligen Periode und der normalen Alterslast der selben Periode.

Es gilt somit der folgende Zusammenhang[211]:

(25) $\text{besondere AL}_{knRV} = \text{knappschaftliche AL} - \text{normale AL}$

Die Alterslast wird in diesem ersten Ansatz durch die jeweiligen Rentenfallquotienten angenähert.

(26) $\text{besondere AL}_{knRV} = \text{RFQ}_{knRV} - \text{RFQ}_{Arb/AngRV}$

[211] AL = Alterslast.

bzw.

$$(27)\quad \text{besondere } AL_{knRV} = (\frac{\text{Rentenfälle}}{\text{Versicherte}})_{knRV} - (\frac{\text{Rentenfälle}}{\text{Versicherte}})_{Arb/AngRV}$$

Die besondere Alterslast kann nach Gleichung (27) für jedes Jahr berechnet werden. Basierend auf den Daten des Jahres 1995 aus Tabelle 27 ergibt sich für die besondere Alterslast in der knRV

$$(28)\quad \frac{704.284}{164.712} - \frac{15.790.135}{34.373.000} = 4,28 - 0,46 = 3,82$$

Also sind 382 der 428 Rentenfälle, die durch je 100 Versicherte der knRV zu finanzieren sind, als besondere Alterslast anzusehen. Der knappschaftliche Rentenfallquotient ist also rund neunmal so hoch wie der in der RV der Arbeiter und Angestellten.

Bezogen auf die Rentenausgaben der knRV bedeutet das, daß 89% dieser Rentenausgaben als Ausgaben für die besondere Alterslast zu werten sind. Dies ergibt eine Anteil von 76% an den Gesamtausgaben der knRV.

Stellt man dies dem BZ zur knRV in Höhe von 59% der Gesamteinnahmen gegenüber, so ergibt sich für diesen Fall der besonderen Alterslast eine **Unterdeckung** durch den BZ in Höhe von 17% der Ausgaben. Es kommt also im Grunde zu **negativen Transfers** durch die Versicherten der knRV: Die Knappschaftsversicherten und die Unternehmen des Bergbaus zahlen mit ihren Rentenversicherungsbeiträgen für Ausgabenbestandteile, die sie nicht verursacht haben, die auch nicht der heutigen Produktion und der heutigen Beschäftigung angelastet werden können und eigentlich durch einen noch höheren BZ gedeckt werden müßten. Durch die zu hohen Beiträge entsteht also letztendlich eine Allokationsverzerrung, dergestalt, daß die Unternehmens des Bergbaus mit zu hohen Kosten für die Rentenleistungen belastet werden.

12.1.3 Eine weitere Möglichkeit der Bestimmung der besondere Alterslast

Das im letzten Abschnitt abgeleitete Ergebnis von **negativen Transfers** durch die Versicherten der knRV beruhte auf einem einfachen Konzept der besonderen Alterslast. Tatsächlich geht es aber darum, den „angemessenen" Anteil an den Rentenausgaben zu bestimmen, der von den Versicherten der knRV zu tragen ist.

Bei der Abschätzung der besonderen Alterslast wurde ausschließlich auf die Komponenten Rentenfälle und Versicherte abgestellt; völlig außer Acht gelassen wurden die versicherungstechnischen Parameter der knRV wie z.B. Rentenhöhen und Beitragssätze, die die Einnahmen- und die Ausgabenstruktur der knRV aber entscheidend beeinflussen.

Gegen die Abschätzung mit Hilfe der Rentenfallquotienten ist daher einzuwenden, daß es nicht nur wesentlich ist, wieviele Renten zu zahlen sind, sondern daß auch die Höhe der Renten mit ins Kalkül einzubeziehen ist. Anders gesagt, das Ergebnis sollte unabhängig davon sein, ob eine gewisse Anzahl von Renten mit einer gewissen Durchschnittshöhe vorliegt, oder ob doppelt so viele Renten bestehen, deren Durchschnittshöhe halb so hoch ist.

Unter diesem Gesichtspunkt erscheint es sinnvoll, anstatt des Vergleiches der Rentenfallquotienten die besondere Alterslast dadurch abzuschätzen, indem die absoluten Höhen der Rentenausgaben pro Jahr und Versichertem sowohl für die knRV als auch für die RV der Arbeiter und Angestellten berechnet werden. Dadurch ergibt sich der Anteil der Ausgaben, der in beiden Versicherungen von den *heutigen* Beitragszahlern im Kollektiv getragen werden kann. Der Rest ist der Anteil der Ausgaben, der unter Zugrundelegung der aktuellen Beitragssätze nicht mehr durch die aktuellen Beitragseinnahmen finanziert werden kann. Da diese Ausgabenanteile in der knRV auf der ungünstigen Relation von Versicherten und Rentenfällen beruhen, die in der Vergangenheit entstanden sind, kann auch mit dieser Methode die besondere Alterslast abgeschätzt werden.

In Tabelle 21 wurden die Rentenausgaben pro Versichertem für das Jahr 1995 sowohl für die knRV und die RV der Arbeiter und Angestellten berechnet. Die Rentenausgaben pro Versichertem in der RV der Arbeiter und Angestellten werden wiederum als Referenzlage herangezogen und ergeben die normale Alterslast. Die Rentenausgaben pro Kopf in der knRV bezeichnen den Anteil der Rentenausgaben, der in der knRV noch durch Beitragszahlungen gedeckt werden kann, also die knappschaftliche Alterslast. Gemäß Gleichung (25) ergibt sich die besondere Alterslast in der knRV als Differenz zwischen der knappschaftlichen und der normalen Alterslast.

Man erhält folgendes Ergebnis:

Tabelle 21: Die besondere Alterslast basierend auf den Rentenausgaben pro Versichertem 1995

	knRV	**Arb/AngRV**
Rentenausgaben/Versichertem 1995 in DM	108.224	6.665
Anteil der normalen Alterslast	6%	100%
⇒ **Anteil der besonderen Alterslast**	**94%**	**0%**

In diesem Fall ergibt sich eine noch höhere Belastung der Versicherten der knRV durch die besondere Alterslast: 94% der Rentenausgaben sind Rentenausgaben für die besondere Alterslast; dies entspricht einem Anteil von 80% an den Gesamtausgaben. Dies führt zu einem noch höheres Ausmaß an negativen Transfers.

Dennoch: Durch den bloßen Vergleich der Rentenfallquotienten bzw. der Alterslasten der einzelnen Versicherungszweige bleiben die komplexen Elemente der knRV und die Unterschiede, die daraus für die einzelnen Versicherungszweige resultieren, weitgehend außer Acht.

Ebenso ist anzumerken, daß sich die beiden oben angeführten Konzepte der besonderen Alterslast wiederum ausschließlich auf Bestandsrenten beziehen. Für die Frage nach einer möglichen Subventionierung des Bergbaus über den BZ zur knRV spielt es nur eine untergeordnete Rolle, wieviele Versicherte heute für wieviele Rentenfälle aufzukommen haben, da es sich hierbei nur um ein statisches Konzept handelt, das die Entstehung der Rentenansprüche außer Acht läßt.

Viel wichtiger ist es dagegen, festzustellen, ob die Rentenansprüche, die heute durch die Versicherten der knRV erworben werden und in der Zukunft finanziert werden müssen, durch die heutigen Beiträge gedeckt sind, bzw. ob die Beiträge ausreichen, die hohen Knappschaftsrenten in Zukunft zu finanzieren. Es stellt sich also die Frage nach der **Beitragsäquivalenz** in der knRV.

12.2 Beitragsäquivalenz in der knRV?

Bei einer nach dem KDV finanzierten Privatversicherung ist das Zustandekommen der Beitragsäquivalenz, d.h. also der Ausgleich von eingezahlten Beiträgen und den zu erwartenden Leistungen zu jedem Zeitpunkt, das wesentliche Element der Versicherung. Bei einer nach dem UV finanzierten Sozialversicherung ist es umstritten, in welchem Ausmaß Beitragsäquivalenz verwirklicht wird[212].

Für die weitere Analyse ist es hilfreich, zwischen zwei unterschiedlichen Äquivalenzkonzepten, der **Globaläquivalenz** und der **Individualäquivalenz** zu unterscheiden. Die **Globaläquivalenz** bezeichnet den Ausgleich zwischen den gesamten Beitragszahlungen und den gesamten Leistungen über alle Versicherten und alle Perioden. Diese Globaläquivalenz muß in der Individualversicherung ebenso erfüllt sein, wie in der Sozialversicherung, soll die langfristige Lebensfähigkeit jeglicher Art von Versicherung bestehen bleiben. In der Rentenversicherung spielt die Globaläquivalenz eine vordringliche Rolle, da die Beitragssätze auf der Grundlage dieses Ausgleichs von Einnahmen und Ausgaben festgelegt werden. Der BZ zur knRV führt im Rahmen der Defizithaftung in jeder Periode zur Aufrechterhaltung dieser Globaläquivalenz.

Etwas anders verhält es sich mit der **Individualäquivalenz**: Während in der Privatversicherung die Individualäquivalenz zwischen gezahlten Beiträgen und zu erhaltender Leistung über den Aufbau eines „eigenen" Kapitalstocks und dessen Auflösung im Versicherungsfall gewahrt ist, ist dieser grundsätzliche Zusammenhang in der (sozialen) Rentenversicherung nicht gegeben. Es wird kein Kapitalstock aufgebaut, der später wieder aufgezehrt werden kann, sondern der Versicherte erwirbt durch seine eigene Beitragszahlung im Rahmen des Generationenvertrags lediglich einen Anspruch auf spätere Rentenzahlungen.

Werden in der Privatversicherung Beiträge (Prämien) nach dem Risiko des einzelnen berechnet, so spielt in der (sozialen) Rentenversicherung das individuelle Risiko für die Beitragskalkulation keine Rolle. Die Beitragssätze sind für alle Versicherten gleich, das Beitragsaufkommen orientiert sich an den Löhnen und Gehältern der Versicherten. Zusätzlich

---

[212]vgl. zu dieser Diskussion z.B. [RUF79], [SCHMÄHL81], oder später[BREYER90B].

zu den unterschiedlichen Arten der Beitragskalkulation bestehen in der sozialen Rentenversicherung noch andere Möglichkeiten der „Auflösung“ des Äquivalenzprinzips, z.B. durch die Gewährung von versicherungsfremden weil nicht beitragsgedeckten Leistungen. Eine individuelle Äquivalenz zwischen gezahlten Beiträgen und zu empfangenden Leistungen besteht damit im streng versicherungstechnischen Sinne in der sozialen Rentenversicherung nicht.

Auch wenn die Individualäquivalenz in der Gesetzlichen Rentenversicherung nur ungenügend verwirklicht wurde, so ist es unter bestimmten Annahmen durchaus möglich, eine bestimmte Art der individuellen Äquivalenz zwischen bezahlten Beiträgen und dadurch möglichen Rentenzahlungen herzustellen. Grundsätzlich gilt, daß der einzelne Versicherte der Gesetzlichen Rentenversicherung durch den Anteil, den seine Beitragszahlungen an den damit finanzierten Renten haben, einen Anspruch auf den selben Anteil bei den späteren Rentenzahlungen erhält, oder mit anderen Worten, daß der einzelne Versicherte zumindest in der Rangfolge der Rentenbezieher relativ zu allen anderen Rentenbeziehern wieder den selben Platz einnehmen soll, den er während seiner aktiven Zeit als Beitragszahler relativ zu allen anderen Arbeitnehmern innehatte.

Dieser Zusammenhang wird durch Regelungen wie die Anrechnung beitragsfreier Zeiten u.ä. ebenso wie durch die Einführung einer Beitragsbemessungsgrenze verwässert, vollständig aufgehoben wird er dennoch nicht. Für den Versicherten der GRV besteht also durch seine Beitragszahlungen ein Art der Individualäquivalenz, die im folgenden im Anschluß an Kolb als **„Teilhabeäquivalenz“**[213] bezeichnet wird: Durch die individuelle Beitragszahlung wird ein Rentenanspruch erworben, der einem Anteil am Einkommen der aktiven Generation entspricht.

Für den einzelnen Versicherten der GRV kann durchaus im Rahmen des Konzeptes der Teilhabeäquivalenz ein Rentenanspruch beziffert werden, der sich aus seinen Beitragszahlungen ergibt. Andererseits kann auch berechnet werden, ob bestimmte Beitragssätze für erworbene Rentenansprüche zu niedrig oder zu hoch liegen. Im folgenden Abschnitt wird der Versuch einer solchen Abschätzung für die knRV unternommen.

12.2.1 Teilhabeäquivalenz in der knRV

Im diesem Abschnitt wird ein Modell entwickelt, mit dessen Hilfe der folgende Sachverhalt analysiert werden kann: Sind die Rentenzahlungen, die unter den derzeitig gültigen knappschaftlichen Regelungen an die Versicherten der knRV geleistet werden, zu hoch in dem Sinne, daß sie die Beitragszahlungen übersteigen? Oder umgekehrt: Wie hoch müßten die Beitragssätze sein, durch die die Renten finanziert werden können, die sich auf Grundlage der heutigen gesetzlichen Regelungen und bestehenden Rentenhöhen in Zukunft ergeben?

Diese Zusammenhänge sollen mit Hilfe eines Modells erklärt werden, das auf durchschnittlichen Versichertenverläufen für verschiedene Rentenarten basiert. In die Analyse werden

[213] vgl. [Kolb85], S. 125.

dabei nur Versichertenverläufe von Knappschaftsversicherten einbezogen, die noch keine Rente beziehen, d.h. das Modell bezieht ausschließlich zukünftige Rentenzahlungen ein und enthält keine Analyse von Bestandsrenten.

Dem folgenden Modell liegt der Grundzusammenhang zugrunde, daß sich in der knRV die individuellen geleisteten Beiträge und die individuellen Renten, die sich daraus ergeben, über das gesamte Versichertenleben entsprechen. Es ergibt sich

(29) $\sum^{n} \text{Beitragszahlungen} = \sum^{m} \text{Rentenleistungen}$

mit n = Anzahl der Beitragsjahre und m = Anzahl der Rentenjahre. Für dieses Modell gelten die folgenden Annahmen:

- In jeder Periode ist die Globaläquivalenz erfüllt.
- Der Referenzzeitpunkt des Modells ist der Beginn eines beliebigen Versichertenlebens $t = 1$. Dieser Beginn fällt üblicherweise mit dem Einstieg ins Erwerbsleben zusammen.
- Der Versicherte leistet Beitragszahlungen der Höhe B_i über n Beitragsperioden. Er erhält mit dem Eintritt ins Rentenalter Rentenleistungen R_j über m Rentenbezugsperioden.
- Es herrscht eine konstante Abgabenquote, d.h. das Verhältnis von Brutto- zu Nettoeinkommen bleibt im Zeitverlauf gleich. Brutto- und Nettoeinkommen wachsen deshalb mit der gleichen Wachstumrate w.
- Die Teilhabeäquivalenz wird dadurch hergestellt, daß die Beitragsleistungen an die Bruttoeinkommen gekoppelt sind und die Renten mit den Nettoeinkommen wachsen. Auf Grund der als konstant angenommenen Abgabenquote nehmen die Beitragszahlungen und die Rentenleistungen immer im gleichen Verhältnis zu.
- Die derzeit angewandte Rentenformel wird im Modell durch die Abhängigkeit der Beitragsleistungen vom Bruttoeinkommen berücksichtigt.
- Da es sich um ein Modell handelt, das sich auf die individualisierten Beitragszahlungen und Rentenleistungen bezieht, werden demographische Einflüsse bzw. sinkende Erwerbsquoten vorläufig vernachlässigt. Dies erscheint auch nicht zuletzt deshalb sinnvoll, da in der gegenwärtig angewandten Rentenformel, die zur Berechnung der Monatsrente herangezogen wird, kein Faktor zur Berücksichtigung demographischer Faktoren auftaucht.

Die Beiträge des Versicherten bemessen sich nach dem Bruttoeinkommen W_j in jeder Periode. Es gilt:

(30) $B_i = b_i W_i$

mit b_i = Beitragssatz der Periode i. Die Bruttoeinkommen wachsen im Zeitverlauf mit der Rate w:

$$(31) \quad W_i = (1+w)^i W_0$$

Damit ergibt sich für die Beitragsentwicklung:

$$(32) \quad B_i = b_i W_0 (1+w)^i$$

Die Rentenleistungen R_j sind an die Entwicklung der Nettolöhne gekoppelt. Wegen der konstanten Abgabenquote wachsen R_j in diesem Modell mit derselben Wachstumsrate w wie die Bruttolöhne:

$$(33) \quad R_j = (1+w)^j R_0$$

Damit sind die Bestimmungsgrößen der Beitragszahlungen und der Rentenleistungen festgelegt. Um nun Zahlungen und Leistungen, die zu unterschiedlichen Zeitpunkten anfallen, vergleichen zu können, wird mit Barwerten[214] bezogen auf die Anfangsperiode $t = 1$ gerechnet. Der Barwert der Beitragszahlungen B_i sei mit $\bar{B}_i$, der der Rentenleistungen R_j mit $\bar{R}_j$ bezeichnet. Der Grundzusammenhang ist:

$$(34) \quad \sum_{t=1}^{n} \bar{B}_t = \sum_{t=n+1}^{n+m} \bar{R}_t$$

mit

$$(35) \quad \bar{B}_i = B_i \frac{1}{(1+w)^i}$$

und

$$(36) \quad \bar{R}_j = R_j \frac{1}{(1+w)^j}$$

Durch Einsetzen der Gleichungen (32) in (35) und (33) in (36) ergibt sich nach Umformen für Gleichung (34)

$$(37) \quad W_0 \sum_{t=1}^{n} b_t = m R_0$$

Für den Vergleich zwischen den gesamten Beitragszahlungen und den Rentenleistungen spielt es nun eine Rolle, ob ein Gleichgewicht zwischen den Beitragszahlungen und den

[214] Im folgenden Zusammenhang wird von einer Situation gemäß der goldenen Regel ausgegangen, d.h. die Wachstumsrate des (realen) Kapitalmarktzinses entspricht der Wachstumsrate des Einkommens.

Rentenleistungen besteht. Im Modell wird angenommen, daß die Beitragssätze über den gesamten Zeitraum konstant bleiben, d.h. $b_i = b$. Damit ergibt sich

(38) $nW_0b = mR_0$

Entsprechen sich bei gegebenem konstantem Beitragssatz Beitragszahlungen und Rentenleistungen, so gilt in Gleichung (38) das Gleichheitszeichen. Der Versicherte würde also, bezogen auf eine Rentenart, über alle Rentenbezugsperioden ein Rente erhalten, die genau der Höhe der vorher geleisteten Beiträge entspricht. Hat er jedoch während seiner Erwerbstätigenzeit mehr (weniger) Beiträge gezahlt, als er an Rente erhält, so ist das Gleichgewicht gestört.

Durch Umformen der Gleichung (38) kann man den gleichgewichtigen Beitragssatz berechnen, der sich bei einem Ausgleich der gegebenen Beitragszahlungen und Rentenleistungen über den gesamten Zeitraum ergeben würde:

(39) $b = \frac{mR_0}{nW_0}$

12.2.2 Die Quantifizierung der Teilhabeäquivalenz in der knRV

Für verschiedene Versichertenverläufe von repräsentativen Knappschaftsversicherten wird im folgenden Abschnitt geprüft, ob sie möglicherweise zu hohe Renten beziehen bzw. wie hoch die Beitragssätze bei gegebenen Rentenleistungen sein müßten.

Auf der Grundlage der Gleichungen (38) und (39) werden sowohl die Salden berechnet, die sich zwischen Beitragszahlungen und Rentenleistungen für die einzelnen Rentenarten ergeben, als auch die gleichgewichtigen Beitragssätze, die Beitragszahlungen und Rentenleistungen zum Ausgleich bringen. Das Basisjahr für die folgende Quantifizierung ist das Jahr 1995.

Obwohl es über die knRV eine Fülle von Daten gibt, stehen die Daten, die für die Quantifizierung gebraucht werden, nicht immer in der erforderlichen Form zur Verfügung. Um eine Quantifizierung überhaupt zu ermöglichen, mußten daher folgende Einschränkungen getroffen werden:

1. Es werden nur Berechnungen für die **knRV-West** durchgeführt.
2. Berechnet werden nur Beitragszahlungen und Rentenleistungen für die **männlichen** Versicherten der knRV. Da der Frauenanteil an den Gesamtversicherten der knRV 1995 jedoch lediglich 9%[215] betrug, sollte diese Einschränkung die Ergebnisse nicht sehr verfälschen.

[215] vgl. [DEUTSCHER BUNDESTAG96], Übersicht II 1, S. 169.

3. Eine genaue Quantifizierung müßte alle möglichen Versichertenverläufe aller derzeit Knappschaftsversicherten simulieren. Eine solche Simulation ist schon deshalb unmöglich, weil Daten hierfür nicht zur Verfügung stehen bzw. nicht zugänglich sind. Deshalb muß auf **Durchschnittswerte** für die männlichen Versicherten zurückgegriffen werden.

4. Berechnet werden die Salden und Beitragssätze nur für alle **Versicherten**renten, da für Hinterbliebenenrenten kein brauchbaren Daten zur Verfügung stehen.

5. Die Quantifizierung wird für die Gruppe der Arbeiter und Angestellten getrennt durchgeführt.

6. Für die Parameter Beitragszeiten und Rentenbezugsdauer werden im Grundmodell Daten bezogen auf den Rentenneuzugang des Jahres 1995 zugrundegelegt. Es erfolgt also keine Simulation, sondern das Modell stützt sich auf Vergangenheitsdaten.

Da die durchschnittlichen Beitragszeiten (n in den Gleichungen (38) und (39)) nicht in der gewünschten Gliederungstiefe, d.h. pro Rentenart in der knRV zur Verfügung standen, mußten diese Beitragszeiten aus dem durchschnittlichen Rentenzugangsalter pro Rentenart geschätzt werden[216], wobei das Alter bei Versicherungsbeginn mit 20 Jahren angenommen wurde. Da diese Abschätzungen den aggregierten Beitragszeiten für Versichertenrenten, die vom VERBAND DEUTSCHER RENTENVERSICHERUNGSTRÄGER zur Verfügung gestellt werden[217], weitgehend entsprechen, erscheint die Abschätzungsmethode legitim.

Für die nachstehende Berechnung ergibt sich zudem die Schwierigkeit, daß bei den Beitragszeiten der Renten für Alter Anteile für Renten wegen verminderter Erwerbsfähigkeit enthalten sein können: Ein Versicherter, der ab dem 65. Lebensjahr eine Regelaltersrente bezieht, hat möglicherweise in früheren Jahren bereits eine Rente wegen verminderter Erwerbsfähigkeit erhalten. Seine Beitragssalden müssen dann um den Betrag verringert werden, den er bereits für seine Rente wegen verminderter Erwerbsfähigkeit in Anspruch genommen hat.

Eine Statistik, wieviele Altersrentner bereits eine Rente wegen verminderter Erwerbsfähigkeit in Anspruch genommen haben, existiert nicht. Um Doppelzählungen zu vermeiden, wurden in der nachfolgenden Schätzung die Beitragszeiten der Renten wegen Alters vermindert um das Äquivalent einer möglichen bereits in Anspruch genommenen Rente wegen verminderter Erwerbsfähigkeit.

Die Bezugszeiten der Renten wegen verminderter Erwerbsfähigkeit wurden deshalb mit dem Anteil gewichtet, den die Rentenneuzugänge bei Renten wegen verminderter Erwerbsfähigkeit an den gesamten Rentenneuzugängen hatten. Daraus ergaben sich insgesamt 89 Beitragsmonate, deren Beitragsäquivalent bereits für Renten wegen verminderter

[216] vgl. KOMPASS 5/1997, Tabelle „Das durchschnittliche Alter der Rentner der Bundesknappschaft beim Rentenbeginn", S. 222.
[217] vgl. [VDR95A], Tabelle 22.10 Z, S. 108.

Erwerbsfähigkeit in Anspruch genommen wurde. Die Beitragszeiten der Renten wegen Alters wurden dann jeweils um diese 89 Beitragsmonate verringert.

Bezüglich der Bruttoeinkommen der Versicherten (W_0) wurden die Bruttojahresverdienste der Arbeiter und Angestellten im gesamten Bergbau herangezogen[218]. Für bestimmte Rentenarten (Renten an Bergleute, Altersrente für langjährig unter Tage beschäftige Bergleute) wurde allerdings nur die Arbeiter- und Angestellteneinkommen im Steinkohlenbergbau berücksichtigt, da diese Renten eine unter Tage Beschäftigung voraussetzen, die so gut wie ausschließlich im Steinkohlenbergbau zu finden ist. Diese Beschränkung drückt sich hauptsächlich in deutlich niedrigeren Bruttojahreslöhnen und -gehältern im Steinkohlenbergbau verglichen mit dem übrigen Bergbau aus. Da sich die Beiträge zur knRV aus Arbeitnehmer- und Arbeitgeberbeiträgen zusammensetzen, mußten die jeweiligen Bruttojahreseinkommen um die durchschnittlichen Sozialbeiträge der Arbeitgeber erhöht werden[219].

Die durchschnittliche Rentenbezugsdauer m pro Versichertenrente kann aus dem Rentenneuzugangsjahrgang 1995 direkt abgelesen werden[220]. Da es sich um Angaben in Jahren handelt, müssen die Angaben lediglich in Monate umgerechnet werden. Leider werden die durchschnittlichen Rentenbezugszeiten nicht nach Arbeiter und Angestellten getrennt veröffentlicht. Da die Rentenbezugszeiten in der Rentenversicherung der Arbeiter aber geringfügig über denen in der RV der Angestellten liegen, ist auch für die knRV nicht davon auszugehen, daß die Arbeiter erheblich kürzere Rentenbezugszeiten haben als die Angestellten.

Auch die durchschnittlichen Rentenleistungen R_0 werden nicht nach Arbeitern und Angestellten unterteilt. Deshalb werden für die folgende Quantifizierung die an Männer gezahlten durchschnittlichen Rentenzahlbeträge der Rentenneuzugänge[221] herangezogen.

Ein weiteres Schätzproblem besteht bei den Altersrenten für langjährig Versicherte, für Schwerbehinderte, Erwerbs- und Berufsunfähige, wegen Arbeitslosigkeit und für langjährig unter Tage beschäftigte Bergleute. Die Rentenbezugszeiten dieser Renten liegen laut Statistik sehr niedrig: Beispielsweise weist die offizielle Statistik als durchschnittliche Rentenbezugszeit für Altersrenten für langjährig Versicherte nur knapp 7 Jahre aus, während die Regelaltersrenten aber durchschnittlich über 20 Jahre bezogen werden[222].

Diese Unterschiede resultieren daraus, daß seit der Rentenreform 1992 alle oben genannten Altersrenten ab dem 65. Lebensjahr der Art nach in eine Regelaltersrente umgewandelt werden[223]. Deshalb müssen die Rentenbezugszeiten aller obengenannten Renten neu geschätzt werden, indem zur Rentenbezugszeit für Regelaltersrenten die Jahre hinzugezählt wurden, um die die anderen Altersrentenarten früher in Anspruch genommen

[218]vgl. [BMA97C], Tabelle 185, S. 120.
[219]vgl. [DIW7/97], Tabelle 1, S. 120.
[220]vgl. [VDR97A], Tabelle 102.10 W, S. 244.
[221]vgl. [VDR97A], Tabelle 101.10 Z, S. 110.
[222]vgl. [VDR97A], Tabelle 102.10 W.
[223]vgl. Abschnitt 7.2.3.

werden können. Für die Bezugszeiten aller Renten wegen Alters außer der Regelaltersrente ergibt sich also folgender Zusammenhang:

$$\frac{\text{Gesamte Rentenbezugszeit pro Rentenart}}{} = \text{Rentenbezugszeit für Regelaltersrente} + \text{früherer Rentenbezugszeitpunkt pro Rentenart}$$

Eine Altersrente für langjährig Versicherte kann beispielsweise ab dem 63. Lebensjahr beantragt werden, eine Altersrente wegen Arbeitslosigkeit ab dem 60. Lebensjahr; eine Regelaltersrente wird aber erst ab dem 65. Lebensjahr gewährt. Die Rentenbezugszeit für eine Altersrente für langjährig Versicherte setzt sich also zusammen aus den zwei Jahren für die frühere Rentenbezugsmöglichkeit und der durchschnittlichen Rentenbezugszeit für Regelaltersrenten. Die Rentenbezugszeit für eine Rente wegen Arbeitslosigkeit summiert sich aus den fünf Jahren früherer Rentenbezugszeit und der durchschnittlichen Rentenbezugszeit für Regelaltersrenten[224].

Trotz der Umwandlung der obengenannten Rentenarten in eine Regelaltersrente erfolgt jedoch keine generelle Anpassung der Rentenhöhe, d.h. der Rentenzahlbetrag z.B. einer Altersrente für langjährig Versicherte wird nicht auf den Zahlbetrag der Regelaltersrente gesenkt[225]. Für die nachfolgende Schätzung wurden deshalb die Rentenhöhen der einzelne Rentenarten beibehalten.

Für die erste Quantifizierung der durchschnittlichen Salden pro Versichertenrentenart wird der konstante Beitragssatz von $b = 24,7\%$ des Jahres 1995 zugrundegelegt. Für das Jahr 1995 ergeben sich die in Tabelle 22 dargestellten Ergebnisse.

Auf den ersten Blick fällt auf, daß die Gesamtsalden deutlich positiv sind. In die knRV werden für die Versichertenrenten insgesamt also mehr Beiträge eingezahlt als an Rentenzahlungen geleistet wird. Die durchschnittlichen Salden der Angestellten liegen über denen der Arbeiter. Dies ist darauf zurückzuführen, daß die Einkommen der Angestellten die der Arbeiter übersteigen.

Negative Salden treten hauptsächlich bei den Altersrenten auf, die ab dem 65. Lebensjahr umgewandelt werden. Durch die höheren Rentenzahlbeträge und die langen Rentenbe-

[224]Eine andere Möglichkeit besteht darin, zu den offiziellen Rentenbezugszeiten für die obengenannten Altersrenten einfach die Rentenbezugszeit für eine Regelaltersrente dazuzurechnen. Dies verfälscht jedoch die Ergebnisse, da in den offiziellen Rentenbezugszeiten der obengenannten Renten noch Rentenzahlungen enthalten sind, die auf Grund einer Bestandsschutzregelung nicht automatisch ab dem 65. Lebensjahr umgewandelt wurden. Deshalb sind die offiziellen Rentenbezugszeiten für diese Altersrenten zu lang. Die durchschnittliche gesamte Rentenbezugszeit hätte beispielsweise dann bei einer Altersrente für Schwerbehinderte, Erwerbs- und Berufsunfähige bei 383 Monaten gelegen, der durchschnittliche Rentenbezieher wäre also über 91 Jahre alt geworden. Dieses hohe Alter erscheint vor dem Hintergrund des durchschnittlichen Rentenwegfallsalters bei Altersrenten von 75 Jahren doch unwahrscheinlich.

[225]vgl. Abschnitt 7.2.3.

Tabelle 22: Durchschnittliche geschätzte Salden pro knappschaftlicher Rentenart in 1.000 DM

Rentenart	**Arbeiter**	**Angestellte**
EU-/BU-Renten		
an Bergleute wegen im Bergbau verm. Berufsfähigkeit	422	645
an Bergleute wegen Vollendung des 50. Lebensjahres	467	724
wegen BU nach §82 Nr. 2 a SGB VI[a]	379	600
wegen BU nach §82 Nr. 2 b SGB VI[b]	406	682
wegen EU	422	726
Renten wegen Alters		
Regelaltersrente	287	627
AR für langjährig Versicherte	4	320
AR für Schwerbehinderte,...	-217	54
AR wegen Arbeitslosigkeit	-233	55
AR für langjährige UT-Bergleute	-322	-64
Durchschnittlicher Saldo Gesamt[c]	**142**	**441**

Quelle: vgl. Angaben im Text, eigene Berechnungen

[a]solange eine in der knRV versicherte Beschäftigung ausgeübt wird
[b]in allen übrigen Fällen
[c]gewichtet mit den Rentenzugangszahlen des Jahres 1995.

zugsdauern auf Grund der früheren Rentenbezugsmöglichkeit tritt bei diesen Rentenarten keine Überdeckung der Rentenleistung durch die Beitragszahlungen auf. Die negativen Salden werden bei den Arbeitern nur knapp durch die anderen positiven Salden ausgeglichen, bei den Angestellten ist die Überdeckung etwas größer.

Die Ergebnisse werden durch die Abschätzung der gleichgewichtigen Beitragssätze in Tabelle 23 bestätigt.

Bezüglich der relativen Größenordnungen trifft dasselbe zu, wie im Zusammenhang mit Tabelle 22. Mit dem höchsten negativen Saldo bei den Altersrenten für langjährig unter Tage beschäftigte Bergleute korrespondiert hier der höchste gleichgewichtige Beitragssatz mit 40% bei den Arbeitern und 26% bei den Angestellten. Dies ist nicht weiter verwunderlich. Bei dieser Rentenart steht die niedrigste durchschnittliche Beitragszeit dem relativ höchsten Rentenzahlbetrag bei langer Rentenbezugsdauer gegenüber. Für alle Rentenarten mit negativen Salden ergeben sich gleichgewichtige Beitragssätze über dem 1995 erhobenen Beitragssatz von 24,7%.

In der Summe aller Rentenarten der Arbeiter und Angestellten ergibt sich ein gleichgewichtiger Beitragssatz von 16,9%. Dies entspricht den positiven Gesamtsalden aus Tabelle 22. Der 1995 erhobene Beitragssatz liegt also deutlich über dem Beitragssatz, der Beitragszahlungen und Rentenansprüche ausgleicht. Der gleichgewichtige Gesamtbeitragssatz beträgt 69% des 1995 erho-

Tabelle 23: Geschätzte gleichgewichtige Beitragssätze pro Rentenart in Prozent

Rentenart	**Arbeiter**	**Angestellte**
EU-/BU-Renten		
an Bergleute wegen im Bergbau verm. Berufsfähigkeit	1,4	1,0
an Bergleute wegen Vollendung des 50. Lebensjahres	2,3	1,6
wegen BU nach §82 Nr. 2 a SGB VI[a]	2,0	1,3
wegen BU nach §82 Nr. 2 b SGB VI[b]	5,3	3,5
wegen EU	6,4	4,2
Renten wegen Alters		
Regelaltersrente	13,6	8,9
AR für langjährig Versicherte	24,5	16,0
AR für Schwerbehinderte,...	35,3	21,4
AR wegen Arbeitslosigkeit	35,4	23,1
AR für langjährige UT-Bergleute	40,0	26,3
Beitragssatz Gesamt[c]	**18,3**	**12,0**

Quelle: vgl. Angaben im Text, eigene Berechnungen

[a]solange eine in der knRV versicherte Beschäftigung ausgeübt wird
[b]in allen übrigen Fällen
[c]gewichtet mit den Rentenzugangszahlen des Jahres 1995.

benen Beitragssatzes.

Bevor aus diesen Ergebnissen Schlußfolgerungen in Bezug auf einen möglichen Subventionsgehalt gezogen werden, werden noch einige Datenvariationen vorgenommen, die absehbare wirtschaftliche und demographische Entwicklungen im Bergbau abbilden.

Variation 1: Die Rentenbezugszeiten steigen um 1,5 Jahre an

Die Sterblichkeit in der Bundesrepublik Deutschland geht immer weiter zurück. Deshalb erscheint es legitim, als erstes den Effekt einer steigenden Lebenserwartung um 1 1/2 Jahre[226] und die damit verbundenen längeren Rentenbezugsdauern bei den Renten wegen Alters zu testen. Die Renten wegen Erwerbsunfähigkeit werden durch einen Anstieg der Lebenserwartung nicht berührt. Die Ergebnisse dieser Variation sind in Tabelle 24 dargestellt.

Zwar sinken durch die längere Rentenbezugsdauer die Salden aus Beitragszahlungen und Rentenleistungen, während die gleichgewichtigen Beitragssätze naturgemäß ansteigen, die Veränderungen sind jedoch in beiden Fällen relativ gering. Sowohl für die Gruppe der Arbeiter als auch für die Gruppe der Angestellten liegen die gleichgewichtigen Gesamtbeitragssätze noch unter dem 1995 erhobenen Beitragssatz von 24,7%. **Der Gesamt-**

[226]Diese 1 1/2 Jahre entsprechen dem Anstieg der Lebenserwartung für einen 60-Jährigen bis zum Jahr 2010, die im aktuellen Prognos-Gutachten berechnet wurden; vgl. [VDR95B], S. 34.

Tabelle 24: Variation 1: Rentenbezugsdauer steigt um 1 1/2 Jahre an

Renten wegen Alters	**Arbeiter**	**Angestellte**
Durchschnittliche Salden in DM		
Regelaltersrente	261	601
AR für langjährig Versicherte	-37	279
AR für Schwerbehinderte,...	-260	11
AR wegen Arbeitslosigkeit	-279	9
AR für langjährige UT-Bergleute	-372	-113
Durchschnittlicher Saldo Gesamt[a]	**116**	**414**
Gleichgewichtige Beitragssätze in %		
Regelaltersrente	14,6	9,5
AR für langjährig Versicherte	26,2	17,1
AR für Schwerbehinderte,...	37,3	24,4
AR wegen Arbeitslosigkeit	37,5	24,4
AR für langjährige UT-Bergleute	42,4	28,3
Beitragssatz Gesamt[b]	**19,44**	**12,74**

Quelle: vgl. Angaben im Text, eigene Berechnungen

[a]gewichtet mit den Rentenzugangszahlen des Jahres 1995; inkl. der unveränderten Salden der EU-/BU-Renten gemäß Tabelle 22.

[b]gewichtet mit den Rentenzugangszahlen des Jahres 1995; inkl. der unveränderten Salden der EU-/BU-Renten gemäß Tabelle 22.

beitragssatz für Arbeiter und Angestellte gemeinsam (d.h. gerechnet über alle EU-/BU-Rentenarten und Renten wegen Alters) steigt nur von 16,9% im Grundmodell auf 18%.

Erst bei einem Anstieg der Lebenserwartung und gleichzeitiger Zunahme der Rentenbezugsdauer um 10 Jahre (!) stiege der gesamte Beitragssatz auf 24,10% an und läge damit in der Nähe des 1995 erhobenen Beitragssatzes zur knRV. Eine solche dramatische Zunahme der Lebenserwartung ist jedoch schwer vorstellbar[227].

Variation 2: Die Beitragszeiten gehen jeweils um 5 Jahre zurück, während die Rentenbezugszeiten um 5 Jahre steigen.

Ein solches Szenario wäre denkbar, wenn man einen weiteren Beschäftigungsabbau im Bergbausektor in Betracht zieht. Dieser Abbau wäre unweigerlich mit einem Rückgang der Beitragszeiten verbunden. Unter der Voraussetzung, daß die freigesetzten Arbeits-

[227]Zum Vergleich: Zwischen 1949/1951 und 1990/1992 stieg die Lebenserwartung eines 60-Jährigen um 1,76 Jahre an; vgl. [Statistisches Bundesamt94c], Tabelle 3.31, S. 82. Vor diesem Hintergrund erscheint auch die prognostizierte Zunahme der Lebenserwartung um 1 1/2 Jahren innerhalb 20 Jahren als optimistisch.

kräfte nicht in anderen Branchen weiterbeschäftigt würden und anstatt in die Arbeitslosigkeit entlassen zu werden, einen früheren Rentenbezug in Betracht zögen, würden die Rentenbezugszeiten um die Jahre der Frühverrentung steigen.

Im Modell wird allerdings auch angenommen, daß sich die gesetzlich festgelegten Altersgrenzen beim Bezug von Renten wegen Alters nicht ändern. Deshalb werden die Rentenbezugszeiten bei Renten wegen Alters nicht variiert. Die Datenvariation betrifft daher hauptsächlich die EU-/BU-Renten: Die Beitragszeiten werden um fünf Jahre gesenkt, die Rentenbezugszeiten um fünf Jahre erhöht. Allerdings müssen die erhöhten Rentenbezugszeiten für EU-/BU-Renten nun aus den Rentenbezugszeiten für Renten wegen Alters herausgerechnet werden. Basierend auf dem vorliegenden Zahlenmaterial wurden die Beitragszeiten für Renten wegen Alters statt um 89 jetzt um 188 Beitragsmonate verringert.

Der Einfluß dieser Variation auf die Gesamtsalden und die gleichgewichtigen Beitragssätze wird in Tabelle 25 dargestellt.

Tabelle 25: Variation 2: Beitragszeit sinkt um 5 Jahre, Rentenbezugsdauer steigt um 5 Jahre - geschätzte Salden in 1.000 DM, geschätzte gleichgewichtige Beitragssätze in Prozent

Rentenart	**Arbeiter**		**Angestellte**	
	Saldo	**Beitragssätze**	**Saldo**	**Beitragssätze**
EU-/BU-Renten				
an Bergleute[a]	3,4	500	2,3	
an Bergleute[b]	322	6,5	539	4,3
wegen BU nach §82 Nr. 2 a[c]	204	9,4	380	6,1
wegen BU nach §82 Nr. 2 b[d]	233	11,5	465	7,5
wegen EU	217	13,7	477	8,9
Renten wegen Alters				
Regelaltersrente	152	17,2	420	11,2
AR für langjährig Versicherte	-172	34,0	72	22,1
AR für Schwerbehinderte,...	-358	46,3	-139	30,2
AR wegen Arbeitslosigkeit	-414	50,0	-198	32,6
AR für langjährig UT-Bergleute	-502	56,6	-308	37,8
Saldo/Beitrag Gesamt[e]	**-31**	**26,6**	**211**	**17,4**

Quelle: vgl. Angaben im Text, eigene Berechnungen

[a]wegen im Bergbau verm. Berufsfähigkeit
[b]wegen Vollendung des 50. Lebensjahres
[c]solange eine in der knRV versicherte Beschäftigung ausgeübt wird
[d]in allen übrigen Fällen
[e]gewichtet mit den Rentenzugangszahlen des Jahres 1995.

In dieser Variation wird der Gesamtsaldo für die Gruppe der Arbeiter erstmals negativ, während der Gesamtsaldo für die Gruppe der Angestellten noch positiv ist. Die Beitragssätze steigen sowohl für die einzelnen EU-/BU-Renten als auch für die Renten wegen Alters beträchtlich an. Bei den Arbeitern liegt er jetzt um 1,9 Prozentpunkte über dem 1995 erhobenen Beitragssatz von 24,7%. Für die Gruppe der Angestellten ergibt sich noch immer eine Überdeckung der Rentenleistungen durch die Beitragszahlungen.

Der gleichgewichtige Gesamtbeitragssatz für Arbeiter und Angestellte liegt unter diesen Annahmen bei 24,6% und ist damit nur noch geringfügig niedriger als der 1995 erhobene Beitragssatz. Auch bei dieser Variation kommt es also zu einer, wenn auch geringen, Überdeckung der Rentenleistungen durch die Beitragszahlungen.

Völlig anders läge der Fall, wenn durch eine Gesetzesänderung die Altersgrenzen zum Bezug von Renten wegen Alters um ebenfalls 5 Jahre herabgesetzt würden: Wenn dann die Beitragszeiten um durchschnittlich 5 Jahre zurückgingen und die Rentenbezugszeiten im gleichen Ausmaß zunähmen, würde sich der gesamte gleichgewichtige Beitragssatz gegenüber 1995 auf 35% erhöhen. Damit käme es zu einer deutlichen Unterdeckung der Rentenleistungen durch die Beitragszahlungen. Eine solche Maßnahme ist jedoch vor dem Hintergrund der derzeitigen Diskussion um die **Anhebung** der Altersgrenzen in der GRV schwer vorstellbar.

12.2.3 Zusammenfassung zur Teilhabeäquivalenz

Die Berechnungen im Rahmen dieses intertemporalen Modells und die Variationen machen folgendes deutlich: Bezieht man die Beitragszahlungen und die zukünftigen Rentenleistungen in die Analyse mit ein, so zahlen die Versicherten der knRV deutlich mehr an Beiträgen als sie an Rentenleistungen empfangen, oder anders gesagt: Bei gegebenen Rentenhöhen liegt der gleichgewichtige Beitragssatz, der Beitragszahlungen und Rentenleistungen über ein gesamtes Versichertenleben zum Ausgleich bringt, deutlich unter dem 1995 erhobenen Beitragssatz. Selbst bei (weitgehend unrealistischen) Annahmen bezüglich der Datenvariationen konnte der tatsächliche Beitragssatz von 1995 nur knapp erreicht werden.

Noch einmal sei angemerkt, daß diese Ergebnisse auf Daten für das Jahr 1995 basieren. D.h. diese Ergebnisse wurden berechnet auf Grundlage der Sonderregelungen für die Versicherten der knRV besonders bezüglich der Rentenarten und der hohen knappschaftlichen Rentenzahlbeträge.

Wenn man davon ausgeht, daß ein angemessener Beitragssatz dann vorliegt, wenn sich über ein durchschnittliches Versichertenleben Beitragszahlungen und Rentenleistungen ausgleichen, so erscheinen trotz der Berücksichtigung der besseren Rentenleistungen in der knRV die derzeit erhobenen Beitragssätze unangemessen hoch.

Es läßt sich der Schluß ziehen, daß die Versicherten der knRV in nicht unbeträchtlichem Ausmaß zur Finanzierung von Ausgaben herangezogen werden, die nicht mit dem Erwerb ihrer Rentenansprüche korrespondieren. Diese Ausgaben können in der knRV nur in den Ausgaben für die besondere Alterslast liegen. **Letztendlich finanzieren die Versicherten „negative“ Transfers, indem sie für Ausgaben zahlen, die eigentlich vom Staat finanziert werden müßten. Der derzeit gewährte BZ führt also nicht zu einer „künstlichen“ Senkung der derzeit erhobenen Beitragssätze.**

Die im letzten Abschnitt geschätzten gleichgewichtigen Beitragssätze sind nicht zu verwechseln mit dem in Abschnitt 6.4 berechneten gleichgewichtigen Beitragssatz von 319% (basierend auf den Daten von 1995 ergibt sich ein gleichgewichtiger Beitragssatz von 308%[228]). Diese Beitragssätze ergeben sich auf Grund des Ausgleichs von Einnahmen und Ausgaben einer Periode. Sie finanzieren ausschließlich Bestandsrenten und damit die besondere Alterslast.

Innerhalb des intertemporalen Modellrahmens kann keine Schätzung darüber abgegeben werden, wie hoch die negativen Transfers letztendlich sind. Dies wäre nur durch eine genaue Simulation über alle Versicherten über alle Renten über alle möglichen Beitragszeiten und Rentenbezugsdauern möglich[229]. Dies ist nicht nur wegen der fehlenden Daten nicht möglich, es würde auch den Rahmen dieser Untersuchung vollständig sprengen, zumal es auch wenig Erkenntniswert hätte, da eine solche Untersuchung jedes Jahr von neuem vorgenommen werden müßte.

Dennoch ist es möglich, sich einen ungefähren Eindruck von der Höhe der negativen Transfers zu verschaffen, indem man die Bestandsrentenanalyse aus Abschnitt 11 mit dem intertemporalen Ansatz des letzten Abschnitts verbindet. Dies geschieht im abschließenden Kapitel.

12.3 Bestandsrenten und intertemporale Analyse

Verbindet man die Bestandsrentenanalyse mit dem intertemporalen Modell, ergeben sich folgende Modifikationen für die Bestandsrentenanalyse: Zum einen müssen die einzelnen Ausgabenanteile um den Anteil der besonderen Alterslast angepaßt werden. Zweitens stehen nun nicht mehr die geleisteten Rentenzahlungen im Vordergrund, sondern die Rentenansprüche, die mit Beitragszahlungen erworben werden. Damit verändert sich der Transfercharakter zweier Ausgabenbestandteile, nämlich der, der für die bergbaulichen Renten zur Verfügung steht und der, der für bestimmte als versicherungsfremd klassifizierte Leistungen steht.

[228] vgl. [DEUTSCHER BUNDESTAG97B], Übersicht I 13, S. 154; Tabelle 27.

[229] Ein Ansatz, mit dem eine solche Berechnung, allerdings auch nur näherungsweise, möglich ist, ist der des **Generational Accounting**; vgl. z.B. [BOLL94], S. 51ff.

12.3.1 Allokationsverzerrung durch bergbauliche Rentenarten und bestimmte versicherungsfremde Leistungen

Bezieht man die Entstehung von Rentenansprüchen in die Bestandsrentenanalyse mit ein, so haben die Transfers, die im Rahmen des BZ zur Finanzierung dieser Ausgaben führen, keinen rein umverteilenden Charakter mehr, sondern sind im Rahmen der Subventionsabgrenzung des Abschnittes 10.2 als Subventionsanteil im BZ zu interpretieren. Dies hat den folgenden Hintergrund.

Die bergbaulichen Rentenarten sollen Gesundheitsbelastungen ausgleichen, die auf Grund der schweren körperlichen Arbeit vor allem bei Bergleuten unter Tage entstehen. Solange diese Ausgaben beitragsfinanziert sind, ist die Gewährung dieser Rentenleistungen an sich kein Mangel. Die höheren Rentenzahlungen entstehen dann dadurch, daß die gesundheitlichen Belastungen während der Berufstätigkeit von den Unternehmen durch höhere Löhne ausgeglichen werden, die auch höhere Rentenansprüche im Alter nach sich ziehen. Durch eine solche Regelung würde keine Allokationsverzerrung entstehen.

Diese Regelung greift aber bei der knRV nicht. Die Ausgaben für bergbaulichen Renten werden über den BZ finanziert. Die gesundheitlichen Risiken der Bergleute werden nicht durch höhere Löhne ausgeglichen: Beispielsweise lag der durchschnittliche Bruttostundenverdienst männlicher Arbeiter im Steinkohlenbergbau mit knapp DM 25 deutlich unter dem Bruttostundenverdienst der männlichen Arbeiter im Braunkohlenbergbau mit DM 29,91[230]. Dies deutet darauf hin, daß die unter Tage Arbeit im Steinkohlenbergbau nicht zu höheren Löhnen führt, im Gegenteil: die über Tage Arbeit im Braunkohlenbergbau wird deutlich besser bezahlt als die unter Tage Arbeit im Steinkohlenbergbau.

Dies beeinflußt naturgemäß die laufende Produktion der steinkohlenfördernden Unternehmen, da ihre Kosten durch den verbilligten Einsatz der Bergleute unter denen liegen, die eigentlich anfallen müßten, wenn sie die unter Tage Arbeit entsprechend entlohnen müßten. Damit sind nach den Subventionsabgrenzung aus Abschnitt 10.2 alle Anforderungen erfüllt, die einen Transfer zu einer Subvention machen.

Ohne den Rentenanspruch, den die Versicherten der knRV erwerben, müßten die Löhne für die gesundheitsbelastenden Tätigkeiten höher liegen, als sie derzeit sind. **Eine Beeinflussung der laufenden Produktion durch den BZ zur knRV erfolgt dadurch, daß durch das Vorhandensein des BZ als Defizithaftung für die Bergbauunternehmen keine Veranlassung besteht, höhere Löhne zu bezahlen, da Gesundheitsbelastungen aus der unter Tage Arbeit nachträglich durch die knRV ausgeglichen werden. Die laufende Produktion ist damit mit geringeren Kosten belastet, als sie sein müßte. Durch den BZ wird damit die Produktion der Bergbauunternehmen subventioniert, die gesundheitsbelastende Tätigkeiten nachfragen, sie aber nicht über höhere Löhne ausgleichen.**

Etwas anders gelagert ist die Argumentation für den Subventionscharakter bestimmter versicherungsfremder Leistungen, im einzelnen den arbeitsmarktbedingten BU/EU-

[230] vgl. [BMA97A], Tabelle 34, S. 113.

Renten, den Altersrenten vor dem 65. Lebensjahr und der Knappschaftsausgleichsleistung. Zwar sind diese Leistungen ohne Zweifel als für die Rentenversicherung versicherungsfremd anzusehen, weil sie nicht zum Leistungskatalog einer Alterssicherung gehören. Deshalb ist es durchaus zweckmäßig, daß ihre Finanzierung nicht durch die Beitragszahler der knRV geleistet wird, sondern über den BZ. Dennoch beeinflußt diese Finanzierung über den BZ die heutige Produktion der Bergbauunternehmen: Die Unternehmen können sich einem Teil ihrer „unternehmerischen Verantwortung" entziehen, indem sie auf Grund der gesetzlich geregelten, umfassenden Frühverrentungsmöglichkeiten Mitarbeiter früher in den Ruhestand entlassen können, diesen Ruhestand aber nicht durch Sozialpläne, Abfindungen oder etwaige Betriebsrenten finanzieren müssen.

Die Mitarbeiter können während ihrer Arbeitsphase bereits diese Frühverrentungsmöglichkeiten als eine Art der Zusatzrente in ihre Lebenszeiteinkommensplanung einbeziehen, auf die sie eine Anwartwartschaft erwerben, dafür aber keine erhöhten Beitragssätze bezahlen müssen. Die heutige Produktion der Bergbauunternehmen wird demnach dadurch entlastet, daß zwar umfasende Frühverrentungsmöglichkeiten gewährt werden, diese aber nicht über höhere Beitragssätze, sondern über den BZ finanziert werden. Damit sind die Lohnkosten, die auf die heutige Produktion der Bergbauunternehmen anfallen, niedriger. **Im Endeffekt handelt es sich bei der Gewährung der oben angesprochenen Leistungen also um Transfers zugunsten des Sektors Bergbaus, die alle Tatbestände der in Kapitel 10.2 angesprochenen Subventionsabgrenzung erfüllen.**

Für die anderen nicht beitragsfinanzierten Ausgabenbestandteile trifft diese Argumentation jedoch nicht zu. Diese Ausgabenbestandteile haben auch weiterhin einen umverteilenden Charakter, eine Beeinflussung der laufenden Produktion der Bergbauunternehmen ist hier nicht abzuleiten.

12.3.2 Zusammenfassung der Bestandsrentenanalyse

Als Grundlage wird die Ausgabenseite der Tabelle 20 herangezogen, und die Ausgabenbestandteile in absolute Beträge umgerechnet. Diese Ausgabenbestandteile werden unterteilt in Ausgaben für die besondere Alterslast und Ausgaben für die normale Alterslast. Die besondere Alterslast folgt der Berechnungsmethode aus Abschnitt 12.1.3. Es ergibt sich das in Tabelle 26 angegebene Ergebnis.

16,8 Mrd. DM der Rentenausgaben entfallen also auf die gesamte besondere Alterslast. Dem stehen 12,4 Mrd. DM aus dem BZ gegenüber. Es ergibt sich also eine Unterdeckung von 4,4 Mrd. DM. Davon ist der Anteil abzuziehen, der als Subvention der Bergbauunternehmen klar klassifiziert wurde: 0,1 Mrd. DM ergeben die normale Alterslast der allokationsverzerrenden bergbaulichen Rentenleistungen. 0,7 Mrd. DM stellen dagegen die normale Alterslast aus den arbeitsmarktbedingten besseren Frühverrentungsmöglichkeiten dar. Es ergibt sich also ein vorläufiger negativer Transferanteil von 3,6 Mrd. DM.

Zu diesem negativen Transferanteil müssen allerdings noch die Ausgaben für die versicherungsfremden Leistungen im Rahmen der normalen Alterslast hinzugezählt werden, da

Tabelle 26: Aufteilung der Ausgabenbestandteile in besondere und normale Alterslast in Mrd. DM

Ausgabenart	**Gesamt-ausgaben**	**besondere Alterslast**	**normale Alterslast**
knKV/PflVdR	1,4	1,12	0,28
WV	0,6	0,48	0,12
Sonstige	0,6	0,48	0,12
beitragsfinanzierte Rentenausgaben	6	4,8	1,2
versicherungsfremde Leistungen	8,4	6,72	1,68
• kein Subventionscharakter	5,2	4,6	1,0
• mit Subventionscharakter	3,3	2,6	**0,7**
höhere knappschaftliche Renten	1,5	1,2	0,3
bergbauliche Rentenleistungen	0,5	0,4	**0,1**
nicht knappschaftliche, nicht beitragsfinanzierte Rentenausgaben	2	1,6	0,4
Gesamt	21	16,8	4,2

diese vom Bund zu finanzieren sind. Allerdings werden nicht die gesamten 1,0 Mrd. DM berücksichtigt. Gemäß der Referenzlage aus Abschnitt 11.1.4. dürften hier jetzt nur 50% oder 0,5 Mrd. DM als finanzierbar angesetzt werden. Durch die Untergliederung der versicherungsfremden Leistungen in rein umverteilende und allokationsverzerrende verringert sich dieser Prozentsatz jedoch auf 34%[231]. Als Ausgaben für nicht allokationsverzerrende versicherungsfremde Leistungen in der knRV im Rahmen der normalen Alterslast werden deshalb 0,4 Mrd. DM angesetzt.

Damit ergibt sich näherungsweise ein negativer Gesamttransfer von 4 Mrd. DM. Der Subventionsanteil im BZ zur knRV von 0,8 Mrd. DM wird also durch den negativen Transfer der Beschäftigten und Unternehmen des Sektors Bergbau deutlich überkompensiert.

[231] Hierbei handelt es sich nur um eine „Maximalangabe". Auch die RV der Arbeiter und Angestellten gewährt Leistungen im Rahmen der Frühverrentung, die als versicherungsfremd zu gelten haben, also auch über den BZ finanziert werden müssen. Verfährt man mit diesen Ausgaben ebenso, wie in der knRV, d.h. zieht man sie vom BZ ab, verringeren sich für die RV der Arbeiter und Angestellten die Mittel, die für weitere versicherungsfremde Leistungen zur Verfügung stehen. Diese weiteren versicherungsfremden Leistungen werden in der RV der Arbeiter und Angestellten dann nur noch zu etwa 34% durch den BZ gedeckt.

13 Zusammenfassung und Ausblick

13.1 Der Bundeszuschuß als Verzerrungsausgleich

Die knappschaftliche Rentenversicherung genießt eine Sonderstellung innerhalb der Gesetzlichen Rentenversicherung. Diese Sonderstellung findet einerseits Ausdruck in der Konzentration auf den Sektor Bergbau, andererseits in umfangreichen Sonderleistungen für die Versicherten. Die Branchenkonzentration führt, hervorgerufen durch den anhaltenden Strukturwandel im Bergbausektor, zu einer extrem ungünstigen Relation zwischen Beitragszahlern und Rentenbeziehern. Die dadurch verursachte Finanzkrise muß Jahr für Jahr durch einen hohen Bundeszuschuß ausgeglichen werden.

Die Versicherten der knappschaftlichen Rentenversicherung erhalten über diesen Bundeszuschuß Transfers, die den Versicherten der Rentenversicherung der Arbeiter und Angestellten nicht gewährt werden. Die beiden wesentlichsten Bestandteile dieser höheren Transferleistung sind die vollständig finanzierten versicherungsfremden Leistungen und die Finanzierung der knappschaftlichen Rentenausgaben.

Die Analyse im Abschnitt 12 hat jedoch gezeigt, daß diese Transfers „per saldo" keine Subventionen darstellen, weil die Beitragszahlungen der Versicherten in erheblichen Umfang zur Finanzierung von Ausgaben herangezogen werden, die bei einer verursachergerechten Zuordnung vom Staat zu tragen sind. Basierend auf den aktuellen Beitragssätzen und den aktuellen Rentenauszahlbeträgen kann nicht behauptet werden, daß durch die Gewährung des BZ die Beitragssätze künstlich niedrig gehalten werden. Im Gegenteil muß von negativen Transfers von den Versicherten der knappschaftlichen Rentenversicherung hin zum Bund gesprochen werden.

Eine verläßliche Quantifizierung dieser negativen Transfers ist unter der gegebenen Datenlage nicht möglich. Es kann lediglich eine Näherung basierend auf der Bestandsrentenanalyse des Abschnitts 11 angegeben werden. Danach ergibt sich ein negativer Transfer in Höhe von ca. 4 Mrd. DM.

Da mit den negativen Transfers der knappschaftlich Versicherten staatliche Ausgaben finanziert werden, kann man im Grunde die Subventionsabgrenzung nach Abschnitt 10.2 umgekehrt anwenden: Die Beschäftigten und die Unternehmen des Bergbaus zahlen „Finanzhilfen" an den Staat. Die Höhe dieser Finanzhilfen bemißt sich näherungsweise nach dem Anteil der Ausgaben, der auf die besondere Alterslast entfällt und der nicht durch den Bundeszuschuß zur knappschaftlichen Rentenversicherung gedeckt ist.

Die Zahlung der Finanzhilfe erfolgt über überhöhte Beiträge sowohl der Arbeitgeber als auch der Arbeitnehmer an die knappschaftliche Rentenversicherung. Durch diese überhöhten Beiträge werden die Unternehmen mit zu hohen Lohnkosten belastet, die letztendlich zu verzerrten Preisrelationen zuungunsten der Bergbauunternehmen führen. Die laufende Produktion der Bergbauunternehmen wird also nicht subventioniert, sondern negativ belastet.

Damit erfüllen die negativen Transfers die hauptsächlichen Anforderungen für eine Subventionierung, allerdings in umgekehrter Richtung: **Der Bundeszuschuß zur knappschaftlichen Rentenversicherung stellt keine Subventionierung des Bergbaus über die knappschaftliche Rentenversicherung dar. Er kann nicht als Verzerrungsursache angesehen werden, sondern er führt zu einem, wenn auch in der Höhe zu niedrigen, Ausgleich bestehender Verzerrungen.**

13.2 Kurzer Ausblick

Die Knappschaftsversicherung war ursprünglich geschaffen worden, um die gesundheitlichen Belastungen, die aus der schweren Arbeit unter Tage entstehen, sowohl durch verbesserte Krankenversicherungsleistungen als auch durch umfangreichere Rentenregelungen bzw. höhere Renten auszugleichen. Die unter Tage Arbeit ist heute zum weitaus überwiegenden Teil nur noch im Steinkohlenbergbau zu finden.

Angesichts der Ergebnisse dieser Arbeit ist nicht der Fortbestand der knappschaftlichen Rentenversicherung an sich als Problem anzusehen, sondern die Weiterführung eben dieses Steinkohlenbergbaus in Deutschland. Unter ökonomischen Gesichtspunkten ist diese Weiterführung nicht zu befürworten. Durch eine entgültige Aufgabe des Steinkohlenbergbaus würde sich auch die Existenz der knappschaftlichen Rentenversicherung erübrigen, denn ihr wäre die Daseinsberechtigung entzogen. Dies ergibt sich aus den folgenden Überlegungen:

- Fast 50% der versicherten Beschäftigten der knappschaftlichen Rentenversicherung arbeiten im Steinkohlenbergbau. Eine Aufgabe des Steinkohlenbergbaus würde die knappschaftliche Rentenversicherung daher fast die Hälfte ihrer Versicherten kosten.

- Die restlichen 50% arbeiten zum größten Teil über Tage. Auch die Arbeiter unter ihnen sind nicht größeren gesundheitlichen Belastungen ausgesetzt als beispielsweise Arbeiter an den Hochöfen in der Stahlindustrie. Es bestünde kein Anlaß, die verbliebenen knappschaftlich Versicherten in einer eigenen Versicherung weiter zu versichern, zumal diese Versicherten im Grunde keinen Anspruch auf knappschaftliche Sonderleistungen haben.

Eine Aufgabe des Steinkohlenbergbaus müßte also auch das Ende der knappschaftlichen Rentenversicherung bedeuten[232]. Die verbleibenden Versicherten der knappschaftlichen

[232] Anders ist die Lage bei den übrigen Teilen des knappschaftlichen Verbundsystems: Die knappschaftliche Krankenversicherung könnte man beispielsweise ebenso wie die knappschaftliche Pflegeversicherung durchaus weiterhin als eine der acht Krankenkassenarten weiterführen, allerdings mit der Modifikation, daß sie sich wie die anderen Kassenarten auch für Mitglieder außerhalb des Bergbaus öffnen. Letztendlich würde hier der Wettbewerb unter den Krankenkassen darüber entscheiden, ob die knappschaftliche Kranken- und Pflegeversicherung weiter bestehen kann oder nicht.

Rentenversicherung müßten in die Rentenversicherung der Arbeiter und Angestellten eingegliedert werden. Es gäbe fortan keine höheren Beitragssätze mehr, allerdings auch keine besonderen Rentenarten.

Allerdings dürfte man den Rentenbestand der knappschaftlichen Rentenversicherung nicht in die Rentenversicherung der Arbeiter und Angestellten eingliedern. Hierbei handelt es sich schließlich um die besondere Alterslast, deren Finanzierung nicht den Versicherten der Gesetzlichen Rentenversicherung alleine aufgebürdet werden dürfte, sondern die verursachergerecht als gesamtgesellschaftliche Aufgabe vom Staat zu finanzieren wäre.

Da für die knappschaftliche Rentenversicherung keine neuen Rentenansprüche mehr entstehen könnten, würde der Rentenbestand im Zeitablauf auf Null sinken und es bestünde kein Finanzierungsbedarf über einen Bundeszuschuß mehr.

A Die Begriffe „Knappschaftlicher Betrieb" und „Knappschaftliche Arbeiten"

A.1 Knappschaftlicher Betrieb (§138 Nr. 1 i.V.m. §138 Abs. 1 SGB VI)

Das *Betriebsziel*[233] eines knappschaftlichen Betriebes ist „die Gewinnung von Mineralien und ähnlichen Stoffen, soweit sie bergmännisch gewonnen werden. Es genügt also nicht, daß diese Stoffe als Nebenprodukt anfallen, so beipielsweise beim Straßen oder Tunnelbau.

Mineralien sind vor allem Steinkohle, Braunkohle, Steinsalz, Erz, Gold, Silber, Blei, Kupfer, Zink, usw.

Ähnliche Stoffe sind z.B. Asphalt, Basaltlava, Bernstein, Bitumen, Farberde, Feldspat, Flußspat, Gips, Graphit, Kalkstein, Kaolin, Karbid, Marmor, Schiefer, Speckstein, Schwefelkies, Schwerspat, Ton oder Tuffstein sowie Molybdän.

Unter einer *bergmännischen Gewinnung* versteht man die Gewinnung von Materialien oder ähnlichen Stoffen aus einer Fundstätte nach bergtechnischen Regeln. Die Mineralien oder ähnlichen Stoffe müssen nach einem dem Stand der Bergwissenschaft entsprechenden Betriebsplan und den zur Sicherung des Innenbaus, der Oberfläche und der Arbeiten durch Theorie, Praxis und Gesetz vorgeschriebenen Grundsätzen gewonnen werden. Als wesentliche Gesichtpunkte werden hierbei angesehen:

- ...
- das Vorhandensein von Schächten und Stollen
- das Treiben der Abbaustrecke von einem Stollen aus
- ...

Keine *bergmännische Gewinnung* ist die Verarbeitung und Aufbereitung der gewonnenen Materialien, beispielsweise die Kohleverflüssigung [...]. Sie ist jedoch als knappschaftliche Arbeit zu werten, wenn dies in einem knappschaftlichen Nebenbetrieb erfolgt.

Das Erfordernis des *überwiegend unterirdischen Betreibens* ist gegeben, wenn die im Betrieb oder in der selbstständigen Betriebsabteilung unmittelbar bei der Gewinnung und Förderung Tätigen mehr als die Hälfte mit der unterirdischen Gewinnung und Förderung befasst sind, wobei die am Schacht oder Stollenmundloch über Tage Beschäftigten noch mitzuzählen sind. [...] Die Übrigen, vor allem die im kaufmännsichen Bereich Beschäftigten des Betriebes sind dagegen außer Betracht zu lassen.

[233] vgl. [HzS], Gruppe 5b, S. 77ff.

A.2 Knappschaftliche Arbeiten

Auszug aus der „Verordnung über knappschaftliche Arbeiten. Vom 11. Februar 1933.“[234]

§1

(1) Knappschaftliche Arbeiten sind nachstehende Arbeiten, wenn sie räumlich und betrieblich mit einem Bergwerksbetrieb zusammenhängen, aber von einem anderen Unternehmen ausgeführt werden:

1. alle Arbeiten unter Tage mit Ausnahme von vorübergehenden Montagearbeiten,
2. Abraumarbeiten zum Aufschließen der Lagerstätte,
3. die Gewinnung oder das Verladen von Versatzmaterial innerhalb des Zechengeländes im Betrieb befindlicher Werke mit Ausnahme der Arbeiten an Baggern,
4. das Umarbeiten (Aufbereiten) von Berghalden (Erzgruben) innerhalb des Zechengeländes im Betrieb befindlicher Werke,
5. laufende Unterhaltungsarbeiten an Grubenbahnen sowie an Grubenanschlußbahnen innerhalb des Zechengeländes,
6. das Verschieben der Wagen auf den Grubenanlagen,
7. Arbeiten in den Reperaturwerkstätten,
8. Arbeiten auf den Zechenholzplätzen, die nur dem Betrieb von Zechen dienen, soweit das Holz in das Eigentum der Zechen übergegangen ist,
9. Arbeiten in den Lampenstuben
10. das Stapeln des Geförderten, das Verladen von gestürzten Produkten, das Aufhalden und das Abhalden von Produkten, von Bergen und von sonstigen Abfällen innerhalb des Zechengeländes,
11. Aufräumungsarbeiten, Ebnungsarbeiten, das Laden von Schutt und dergleichen, wenn diese Arbeiten regelmäßig innerhalb des Zechengeländes ausgeführt werden.

(2) Knappschaftliche Arbeiten stehen für die knappschaftliche Versicherung einem knappschaftlichen Betrieb gleich.

[234] vgl. [HzS], Gruppe 5b, S. 47ff.

B Auszug aus „Systematik der Wirtschaftszweige ... - Unterabteilung Bergbau“

„Systematik der Wirtschaftszweige mit Erläuterungen, Ausgabe 1979 - Unterabteilung 11 = Bergbau“[235]

Unterabteilung	**Wirtschaftszweig**
11	Bergbau
110	Steinkohlenbergbau und -brikettherstellung, Kokerei
111	Braunkohlenbergbau und -brikettherstellung
113	Erzbergbau
114	Gewinnung von spalt- und brutstoffartigen Erzen
115	Kali- und Steinsalzbergbau, Salinen
116	Gewinnung von Erdöl, Ergas
118	Sonstiger Bergbau, Torfgewinnung

[235] vgl. [STATISTISCHES BUNDESAMT79], S. 49ff.

C Die Rentenformel

Die Rentenberechnung im System der GRV erfolgt nach der sog. **Rentenformel** gemäß §§64-68 SGB VI. Für die RV der Arbeiter und Angestellten und die knRV werden die Renten nach der gleichen Rentenformel ermittelt.

Die aktuelle Rentenformel zur Berechnung des Monatsbetrags der Rente stellt sich folgendermaßen dar:

$$\text{Monatsrente} = \text{persöhnliche EP} \cdot \text{Rentenartfaktor} \cdot \text{aktueller RW}$$

mit EP = Entgeltpunkte und RW = Rentenwert. Die EP berechnen sich nach §66 SGB VI aus der Summe aller Entgeltpunkte für Beitragszeiten, beitragsfreie Zeiten, Zuschläge für beitragsmindernde Zeiten usw. Die Entgeltpunkte für Beitragszeiten errechnen sich nach der Formel

$$\text{Entgeltpunkte} = \frac{\text{Beitragsbemessungsgrundlage}}{\text{Durchschnittsentgelt aller Versicherten}}$$

Für die Feststellung der persöhnlichen EP werden die EP mit dem Zugangsfaktor multipliziert. Der Zugangsfaktor richtet sich nach dem Alter des Versicherten bei Rentenbeginn. Er beträgt gemäß §77 SGB VI 1,0 bei Renten wegen verminderter Erwerbsfähigkeit, Renten wegen Alters und Renten wegen Todes ab Vollendung des 65. Lebensjahres oder „eines für den Versicherten maßgebenden niedrigeren Alters". Für Renten, die vor (nach) diesen Zeitpunkten in Anspruch genommen werden, wird der Zugangsfaktor um einen bestimmten Faktor gemindert (erhöht).

Der Rentenartfaktor berücksichtigt bei der Rentenberechnung die unterschiedlichen Rentenarten. Bezieht der Rentner also z.B. eine Rente wegen Alters in der RV der Arbeiter und Angestellten, so geht diese Rentenart mit dem Faktor 1,0 in die Rentenformel ein. Bezieht dagegen ein Knappschaftsrentner eine Rente wegen Alters, so wird der Faktor 1,3 in der Rentenberechnung angesetzt.

Durch die Einbeziehung des aktuellen Rentenwertes wird eine Anpassung der Renten an die Nettolohnentwicklung erzielt. Er wird zum 1.7. jedes Jahres durch Rechtsverordnung bestimmt.

D Kennzahlen der GRV-West 1995

Tabelle 27: Kennzahlen der GRV-West im Jahre 1995

	knRV		ArbRV/AngRV	
	absolut	in %	absolut	in %
Mitglieder	164.712		34.373.000	
Rentenbestand	704.284		15.790.135	
davon • Renten wegen Alters	325.203	46%	10.055.739	64%
• EU/BU-Renten	66.237	9%	1.357.752	9%
• Renten wegen Todes	298.835	42%	4.376.644	28%
• KAL	14.009	2%		
Rentenfälle : Versicherte	428:100		46:100	
durchschnittliche Rentenhöhe	2.381,10		1.208,76	
Einnahmen in Mio. DM	21.000		275.672	
davon • Beitragseinnahmen	2.343	11%	225.324	82%
• Bundeszuschuß	12.401	59%	46.771	17%
• Wanderversicherung	5.658	27%	595	0,2%
Ausgaben in Mio. DM	21.000		278.551	
davon • Renten	17.857	85%	231.507	83%
• KV/PflV der Rentner	1.386	7%	14.869	5%
• Wanderversicherung	595	3%	5.658	2%
• KAL	486	2%		
Beitragssätze	24,7%		18,6%	

Quelle: vgl. Tabelle 10

Literatur

[ALBRECHT/THORMÄLEN85] ALBRECHT, DIETRICH; THORMÄHLEN, THIES. *Subventionen - Politik und Problematik.* Frankfurt/Main: Peter Lang. 1985.

[ANDEL77] ANDEL, NORBERT. „Subventionen." in: *Handwörterbuch der Wirtschaftswissenschaften.* Band 7. Stuttgart. 1977.

[BARABAS92] BARABAS, GYÖRGY; GIESECK, ARNE; HEILEMANN, ULRICH; VON LOEFFELHOLZ, HANS DIETRICH. „Gesamtwirtschaftliche Effekte der Zuwanderung 1988 bis 1991." *RWI-Mitteilungen.* Jg. 43, 1992, S. 133-154.

[BBG93] BERGBAU-BERUFSGENOSSENSCHAFT. *Jahresbericht 1993.* Bochum: Bergbau-Berufsgenossenschaft. 1994.

[BEHRINGER97] BEHRINGER, RÜDIGER. „Änderungen im Versicherungs- und Beitragsrecht zum 1.1.1997." *Kompaß* 1/1997, S. 18-23.

[BMA80] BUNDESMINISTERIUM FÜR ARBEIT- UND SOZIALORDNUNG. *Bundesarbeitsblatt.* 5/1980. Bonn. 1980.

[BMA97A] BUNDESMINISTERIUM FÜR ARBEIT- UND SOZIALORDNUNG. *Bundesarbeitsblatt.* 1/1997. Bonn. 1997.

[BMA97B] BUNDESMINISTERIUM FÜR ARBEIT- UND SOZIALORDNUNG. *Bundesarbeitsblatt.* 3/1997. Bonn. 1997.

[BMA97C] BUNDESMINISTERIUM FÜR ARBEIT- UND SOZIALORDNUNG. *Bundesarbeitsblatt.* 6/1997. Bonn. 1997.

[BOLL94] BOLL, STEPHAN. *Intergenerationale Umverteilungswirkungen der Fiskalpolitik in der Bundesrepublik Deutschland.* Frankfurt/Main: Lang. 1994.

[BRETTSCHNEIDER91] BRETTSCHNEIDER, HEIDRUN. *Die Rentenversicherung der Bergleute.* Asgard Verlag: Sankt Augustin. 1991.

[BREYER90A] BREYER, FRIEDRICH. *Ökonomische Theorie der Alterssicherung.* München: Vahlen. 1990.

[BREYER90B] BREYER, FRIEDRICH. „Das Äquivalenzprinzip in der Rentenversicherung aus wohlfahrtsökonomischer Sicht." *Finanzarchiv.* 1990. S. 127-140.

[BUNDESKNAPPSCHAFT94A] DIE BUNDESKNAPPSCHAFT. *25 Jahre Bundesknappschaft.* Bochum: Bundesknappschaft. 1994.

[BUNDESKNAPPSCHAFT94B] DIE BUNDESKNAPPSCHAFT. *Bundesknappschaft - Das soziale Verbundsystem.* Frankfurt: WDV Wirtschaftsdienst. 1994.

[Bundesknappschaft94c] Die Bundesknappschaft. *Ihre Rentenversicherung.* Frankfurt: WDV Wirtschaftsdienst. 1994.

[Busch94] Busch, Andreas. „Die Rechstquellen der bergmännischen Tätigkeiten in der ehemaligen DDR.“ *Kompaß.* 1/1994. S. 20-27.

[Deutscher Bundestag93a] Deutscher Bundestag. *Bericht der Bundesregierung über die gesetzlichen Rentenversicherungen [...] (Rentenversicherungsbericht 1993).* Bundestagsdrucksache 12/5470. Bonn: Bundesanzeiger Verlagsgesellschaft. 1993.

[Deutscher Bundestag93b] Deutscher Bundestag. *Bericht der Bundesregierung über die Entwicklung der Finanzhilfen und der Steuervergünstigungen [...] (Vierzehnter Subventionsbericht).* Bundestagsdrucksache 12/5580. Bonn: Bundesanzeiger Verlagsgesellschaft. 1993.

[Deutscher Bundestag94] Deutscher Bundestag. *Bericht der Bundesregierung über die gesetzlichen Rentenversicherungen [...] (Rentenversicherungsbericht 1994).* Bundestagsdrucksache 12/8309. Bonn: Bundesanzeiger Verlagsgesellschaft. 1994.

[Deutscher Bundestag95] Deutscher Bundestag. *Bericht der Bundesregierung über die Entwicklung der Finanzhilfen und der Steuervergünstigungen [...] (Fünfzehnter Subventionsbericht).* Bundestagsdrucksache 13/2230. Bonn: Bundesanzeiger Verlagsgesellschaft. 1995.

[Deutscher Bundestag96] Deutscher Bundestag. *Bericht der Bundesregierung über die gesetzlichen Rentenversicherungen [...] (Rentenversicherungsbericht 1996).* Bundestagsdrucksache 13/5370. Bonn: Bundesanzeiger Verlagsgesellschaft. 1996.

[Deutscher Bundestag97a] Deutscher Bundestag. *Bericht der Bundesregierung über die Entwicklung der Finanzhilfen und der Steuervergünstigungen [...] (Sechzehnter Subventionsbericht).* Bundestagsdrucksache 13/8420. Bonn: Bundesanzeiger Verlagsgesellschaft. 1997.

[Deutscher Bundestag97b] Deutscher Bundestag. *Bericht der Bundesregierung über die gesetzlichen Rentenversicherungen [...] (Rentenversicherungsbericht 1997).* Bundestagsdrucksache 13/8300. Bonn: Bundesanzeiger Verlagsgesellschaft. 1997.

[DIW35/94] Deutsches Institut für Wirtschaftsforschung. „Integration deutscher Zuwanderer in den westdeutschen Arbeitsmarkt.“ *Wochenbericht 35/94,* 1. September 1994. S. 609-617.

[DIW7/97] Deutsches Institut für Wirtschaftsforschung. „Weitere Annäherung der Arbeitskosten in Ost- und Westdeutschland - ostdeutsche Lohnstückkosten nach wie vor über Westniveau.“ *Wochenbericht 7/97,* 13. Februar 1997. S. 119-125.

[Ebert88] Ebert, Thomas. „Wie teuer ist die knappschaftliche Rentenversicherung?“ *Sozialer Fortschritt.* 1988/9. S. 208-214.

[EITENMÜLLER/HAIN96] EITENMÜLLER, STEFAN; HAIN, WINFRIED. „Was kostet der Bundeszuschuß?“ *Deutsche Rentenversicherung* 1-2/96. S. 55-77.

[FACHAUSSCHUSS FÜR VERSICHERUNG UND RENTE87] FACHAUSCHUSS FÜR VERSICHERUNG UND RENTE. „Ergebnisse der Sonderauswertung.“ *Sondererhebung über nicht beitragsgedeckte Leistungen; im folgenden „versicherungsfremde Leistungen“ genannt.* Unveröffentlichtes Manuskript der Sitzung 2/87 am 5. Mai 1987 in Frankfurt am Main.

[FÄRBER93] FÄRBER, GISELA. *Subventionen vor dem EG-Binnenmarkt.* Speyer: Forschungsinstitut für öffentliche Verwaltung. 1993.

[FÄRBER95] FÄRBER, GISELA. *Binnenmarktgerechte Subventionspolitik in der Europäischen Union.* Frankfurt/Main, New York: Campus Verlag. 1995.

[FINANZMINISTERIUM NRW96] FINANZMINISTERIUM DES LANDES NORDRHEIN - WESTFALEN. *Fünfzehnter Subventionsbericht des Landes Nordrhein-Westfalen.* Düsseldorf: Finanzministerium des Landes Nordrhein-Westfalen. 1996.

[FRITZSCHE88] FRITZSCHE, BERND ET. AL. *Subventionen - Problem der Abgrenzung und Erfassung.* München: ifo-Institut für Wirtschaftforschung. 1988.

[FRITZSCHE91] FRITZSCHE, BERND. „Knappschaftsrenten und Subventionen: Viel Lärm um Nichts?“ *RWI-Mitteilungen*, Jg. 42 (1991). S. 303-324.

[GESAMTVERBAND STEINKOHLE91] GESAMTVERBAND DES DEUTSCHEN STEINKOHLENBERGBAUS. *Steinkohle 1991 - Daten und Tendenzen.* Essen: Gesamtverband des deutschen Steinkohlenbergbaus. 1991.

[GESAMTVERBAND STEINKOHLE93] GESAMTVERBAND DES DEUTSCHEN STEINKOHLENBERGBAUS. *Steinkohle 1993 - Daten und Tendenzen.* Essen: Gesamtverband des deutschen Steinkohlenbergbaus. 1993.

[GESAMTVERBAND STEINKOHLE96] GESAMTVERBAND DES DEUTSCHEN STEINKOHLENBERGBAUS. *Steinkohle 1996 - Daten und Tendenzen.* Essen: Gesamtverband des deutschen Steinkohlenbergbaus. 1996.

[GEYER87] GEYER, MARTIN H. *Die Reichsknappschaft.* C.H. Beck: München. 1987.

[GITTER92] GITTER, WOLFGANG. *Sozialrecht.* München: Beck. 1992.

[GÜNTHER/HOFMANN97A] GÜNTHER, PETER; HOFMANN, HANS-WERNER. „Der Versichertenbestand der Bundesknappschaft.“ *Kompaß.* 6/1997. S. 268-276.

[GÜNTHER/HOFMANN97B] GÜNTHER, PETER; HOFMANN, HANSWERNER. „Der Rentenzugang des Jahres 1996.“ *Kompaß.* 11/1997. S. 493-500.

[HANDELSBLATT] *Handelsblatt*, verschiedene Ausgaben.

[HANSMEYER77] HANSMEYER, KARL-HEINRICH. „Transferzahlungen an Unternehmen (Subventionen)." in: NEUMARK, FRITZ (HRSG.). *Handbuch der Finanzwissenschaft.* Band I. Tübingen: J.C.B. Mohr. 1977. S. 959-996.

[HELD/WETTLAUFER88] HELD, HEINZ-GÜNTHER; WETTLAUFER, WOLFGANG. „Der Bundeszuschuß an die knappschaftliche Rentenversicherung. " *Sozialer Fortschritt.* 1988/12. S. 275-284.

[HERMANN86] HERMANN, CHRISTOPHER. „Strukturwandel und Staatszuschuß in der Rentenversicherung." *Deutsche Rentenversicherung.* 9-10/86. S. 571-599.

[HOFMANN92] HOFMANN, JÜRGEN. „Bundeszuschuß und „Subventionierung" der knappschaftlichen Rentenversicherung." *Kompaß.* 11/1992. S. 539-546.

[HOMBURG87] HOMBURG, STEFAN. *Theorie der Alterssicherung.* Berlin, Heidelberg: Springer. 1987.

[HUMMEL96] HUMMEL, MARLIES. *Stärken und Schwächen Deutschlands im internationalen Wettbewerb um Einkommen und Arbeitsplätze.* Berlin, München: Duncker und Humblodt. 1996.

[HzS] HENNIG, WERNER. (Hrsg.) *Handbuch zum Sozialrecht (HzS).* Neuwied: Hermann Luchterhand Verlag.

[ILO93] INTERNATIONAL LABOUR OFFICE. *Year Book of Labour Statistics.* Genf: 1993.

[KOLB85] KOLB, RUDOLF. „Die Bedeutung des Versicherungsprinzips für die gesetzliche Rentenversicherung." in: SCHMÄHL, WINFRIED (HRSG.). *Versicherungsprinzip und Soziale Sicherung.* Tübingen: J.C.B. Mohr. 1985. S. 120-140.

[KOMPASS] *Kompaß - Zeitschrift für Sozialversicherung im Bergbau.* Verschiedene Ausgaben.

[KÖSSLER82] KÖSSLER, RICHARD. *Sozialversicherung und Staatszuschüsse in der gesetzlichen Rentenversicherung.* Frankfurt/Main: Lang. 1982.

[KREIKEBOHM97] KREIKEBOHM, RALF (HRSG.) *Sozialgesetzbuch, gesetzliche Rentenversicherung.* München: C.H.Beck. 1997.

[LAUF94] LAUF, ULRICH. *Die Knappschaft.* Sankt Augustin: Asgard-Verlag Hippe. 1994.

[MATTHIES88] MATTHIES, KLAUS. „Kohlepolitik in der Defensive." *Wirtschaftsdienst,* 1988/XII. S. 606-610.

[MENZEL89] MENZEL, ELMAR. *Bergbau-Medizin einst und jetzt.* Berlin: Erich Schmidt Verlag. 1989.

[MOSER94] MOSER, ROLAND. „BSG verwirft Verfahrensweise der Rentenversicherungsträger." *Kompaß.* 12/1994. S. 675-678.

[PÖHL85] PÖHL, KLAUS-DIETER. „100 Jahre Bergbau-Berufsgenossenschaft.“ *Kompaß*. 10/1985. S. 393-400.

[REHFELD91] REHFELD, UWE. „Das Rentenzugangsgeschehen im Zeitablauf.“ *Deutsche Rentenversicherung*, 10-11/1991. S. 682-712.

[REHFELD/LUCKERT89] REHFELD, UWE; LUCKERT, HILMAR. „Die versicherungsfremden Leistungen der Rentenversicherung - Eine Schätzung von Häufigkeit und Volumen.“ *Deutsche Rentenversicherung*. 1-2/1989. S. 42-71.

[REXRODT94] REXRODT, GÜNTHER. „Der Gesetzentwurf der Bundesregierung.“ *Wirtschaftsdienst*, 1994/I. S. 7-9.

[ROSENSCHON94] ROSENSCHON, ASTRID. „Subventionen in der Bundesrepublik Deutschland.“ *Kieler Arbeitspapier Nr. 617*. Kiel: Institut für Weltwirtschaft. 1994.

[ROSENSCHON96] ROSENSCHON, ASTRID. „Finanzhilfen der Bundesländer.“ *Kieler Arbeitspapier Nr. 769*. Kiel: Institut für Weltwirtschaft. 1996.

[RUF79] RUF, THOMAS. „Das versicherungstechnische Äquivalenzprinzip in der gesetzlichen Rentenversicherung (GRV).“ *Versicherungswirtschaft*, Heft 17. 1979. S. 1050-1054.

[RUHRKOHLEAG93] RUHRKOHLE AG. *Geschäftsbericht 1993*. Essen: Ruhrkohle AG. 1994.

[RUHRKOHLEAG94A] RUHRKOHLE AG. *Von der Mechanisierung zur Automatisierung - Bergtechnik bei der Ruhrkohle AG*. Schriftenreihe der Ruhrkohle AG, Heft 17. Essen: Ruhrkohle AG. 1994.

[RUHRKOHLEAG94B] RUHRKOHLE AG. *Materialien der Ruhrkohle AG (unveröffentlicht)*. Essen: Ruhrkohle AG. 1994.

[RULAND91] RULAND, FRANZ. „Die Herstellung der Rechtseinheit in der gesetzlichen Rentenversicherung - Zum Rentenüberleitungsgesetz.“ *Deutsche Rentenversicherung*. 8/9/1991, S. 518-534.

[RULAND95] RULAND, FRANZ. „Versicherungsfremde Leistungen in der gesetzlichen Renteversicherung.“ *Deutsche Rentenversicherung*. 1/1995. S. 28-38.

[SAARLAND95] MINISTERIUM FÜR UMWELT, ENERGIE UND VERKEHR DES SAARLANDES. *Beteiligung des Saarlandes an den Hilfen für den Saarbergbau*. Antwort auf eine Anfrage zur Subventionsstruktur der Saarlandes. Ministerium für Umwelt, Energie und Verkehr: Saarbrücken. 1995. (unveröffentlicht).

[SCHLENGER98] SCHLENGER, MICHAEL. *Versicherungsfremde Leistungen in der Gesetzlichen Rentenversicherung*. Wiesbaden: Karl-Bräuer-Institut des Bundes der Steuerzahler e.V.: Wiebaden. 1998.

[SCHMÄHL81] SCHMÄHL, WINFRIED. „Lebenseinkommens- und Längsschnittanalysen - Methodische und empirische Fragen sowie ihre verteilungs- und sozialpolitische Bedeutung.“ in: HERDER-DORNEICH, PHILIPP (HRSG.). *Dynamische Theorie der Sozialpolitik.* Berlin: Duncker & Humblot. 1981. S. 226-330.

[SCHMÄHL86] SCHMÄHL, WINFRIED. „Bevölkerungsentwicklung und Soziale Sicherung.“ in: FELDERER, BERNHARD (HRSG.). *Beiträge zur Bevölkerungsökonomie.* Berlin: Duncker und Humblot. 1986. S. 169-238.

[SGB VI] *SGB VI -Gesetzliche Rentenversicherung.* München: C. H. Beck. 1996.

[STATISTIK DER KOHLENWIRTSCHAFT79] STATISTIK DER KOHLENWIRTSCHAFT E. V. *Zahlen zur Kohlenwirtschaft.* Heft Nr. 115. Essen: Glückauf. 1979.

[STATISTIK DER KOHLENWIRTSCHAFT94] STATISTIK DER KOHLENWIRTSCHAFT E. V. *Zahlen zur Kohlenwirtschaft.* Heft Nr. 141. Essen: Glückauf. 1994.

[STATISTIK DER KOHLENWIRTSCHAFT97] STATISTIK DER KOHLENWIRTSCHAFT E. V. *Zahlen zur Kohlenwirtschaft.* Heft Nr. 144. Essen: Glückauf. 1997.

[STATISTISCHES BUNDESAMT79] STATISTISCHES BUNDESAMT (HRSG.). *Systematik der Wirtschaftszweige mit Erläuterungen, Ausgabe 1979.* Stuttgart: Kohlhammer. 1980.

[STATISTISCHES BUNDESAMT91] STATISTISCHES BUNDESAMT (HRSG.). „Reihe S. 16: Der Staat in den Volkswirtschaftlichen Gesamtrechnungen 1950 bis 1990.“ *Fachserie 18, Volkswirtschaftliche Gesamtrechnungen.* Wiesbaden: Statistisches Bundesamt. 1991.

[STATISTISCHES BUNDESAMT94A] STATISTISCHES BUNDESAMT (HRSG.). „Ergebnisse der Volkswirtschaftlichen Gesamtrechnung für den Wirtschaftsbereich Bergbau.“ *Fachserie 18, Volkswirtschaftliche Gesamtrechnungen.* Reihe S. 18, Ergebnisse für die Wirtschaftsbereiche (Branchenblätter) 1960 bis 1991. Wiesbaden: Statistisches Bundesamt. 1994.

[STATISTISCHES BUNDESAMT94B] STATISTISCHES BUNDESAMT (HRSG.). *Tabelle: Deutsche Aussiedler nach Herkunftsländern.* Wiesbaden: Statistisches Bundesamt. 1994.

[STATISTISCHES BUNDESAMT94C] STATISTISCHES BUNDESAMT (HRSG.). *Statistisches Jahrbuch 1994 für die Bundesrepublik Deutschland.* Wiesbaden: Statistisches Bundesamt. 1994.

[STATISTISCHES BUNDESAMT96A] STATISTISCHES BUNDESAMT (HRSG.). *Statistisches Jahrbuch 1996 für die Bundesrepublik Deutschland.* Wiesbaden: Statistisches Bundesamt. 1996.

[STATISTISCHES BUNDESAMT96B] STATISTISCHES BUNDESAMT (HRSG.). „Ergebnisse der Volkswirtschaftlichen Gesamtrechnung für den Wirtschaftsbereich Bergbau.“ *Fachserie 18, Volkswirtschaftliche Gesamtrechnungen.* Reihe S. 18, Ergebnisse für die Wirtschaftsbereiche (Branchenblätter) 1960 bis 1995. Wiesbaden: Statistisches Bundesamt. 1996.

[STATISTISCHES BUNDESAMT96C] STATISTISCHES BUNDESAMT (HRSG.). *Fachserie 18, Volkswirtschaftliche Gesamtrechnungen.* Reihe 1.3. Wiesbaden: Statistisches Bundesamt. 1996.

[STATISTISCHES BUNDESAMT97] STATISTISCHES BUNDESAMT (HRSG.). *Bevölkerung und Erwerbstätigkeit.* Fachserie 1, Reihe 4.3. Wiesbaden: Statistisches Bundesamt. 1997.

[STOBBE84] STOBBE, ALFRED. *Volkswirtschaftslehre I.* Berlin, Heidelberg, New York, Tokio: Springer. 1984.

[STOLZ83] STOLZ, IRENE. *Einkommensumverteilung in der Bundesrepublik Deutschland.* Frankfurt, New York: Campus Verlag. 1983

[STORCHMANN/WIENERT92] STORCHMANN, KARL-HEINZ; WIENERT, HELMUT. „Die Beihilfen für den Absatz von Kokskohle und Hochofenkoks - Grundlagen, Subventionsvolumen, Finanzierungsrisiken.“ *RWI-Mitteilungen*, Jg. 43, 1992. S. 201-222.

[STÖRMANN96] STÖRMANN, WOLFGANG. „Der Anteil sogenannter „versicherungsfremder“ Leistungen im knappschaftlichen Rentenbestand.“ *Kompaß.* 1/1996. S. 40-42.

[SVR93] SACHVERSTÄNDIGENRAT ZUR BEGUTACHTUNG DER GESAMTWIRTSCHAFTLICHEN ENTWICKLUNG. *Jahresgutachten 1993/94.* Stuttgart/Mainz: Kohlhammer. 1993.

[SVR96] SACHVERSTÄNDIGENRAT ZUR BEGUTACHTUNG DER GESAMTWIRTSCHAFTLICHEN ENTWICKLUNG. *Jahresgutachten 1996/97.* Stuttgart/Mainz: Kohlhammer. 1996.

[TROJANUS95] TROJANUS, KERSTEN. *Konzeption, Formen und Wirkungen der Subventionen zur Förderung der Transformation in Ostdeutschland.* München: ifo Institut für Wirtschaftsforschung. 1995.

[VDR95A] VEREIN DEUTSCHER RENTENVERSICHERUNGSTRÄGER. *VDR Statistik Rentenzugang.* Band 109. Frankfurt. 1994.

[VDR95B] VEREIN DEUTSCHER RENTENVERSICHERUNGSTRÄGER. *Prognos-Gutachten 1995.* DRV-Schriften, Band 4. Basel. 1995.

[VDR97A] VEREIN DEUTSCHER RENTENVERSICHERUNGSTRÄGER. *VDR Statistik Rentenzugang.* Band 121. Frankfurt. 1997.

[VDR97B] VEREIN DEUTSCHER RENTENVERSICHERUNGSTRÄGER. „Versicherungsfremde Leistungen - sachgerecht finanzieren". *Broschüre Fakten und Argumente.* Frankfurt. 1997.

[WAGNER84] WAGNER, GERT. *Umverteilung in der Gesetzlichen Rentenversicherung.* Frankfurt, New York: Campus Verlag. 1984.

[WISSENSCHAFTLICHER BEIRAT BEIM BMF94] WISSENSCHAFTLICHER BEIRAT BEIM BUNDESMINISTERIUM DER FINANZEN. *Perspektiven staatlicher Ausgabenpolitik.* Schriftenreihe des Bundesministeriums der Finanzen, Heft 51. Bonn: Stollfuß Verlag. 1994.

[WOHLBEREDT85] WOHLBEREDT, FRIEDRICH. „Finanzierung der Bergbau - Berufsgenossenschaft." *Kompaß.* 10/1985. S. 477-482.

Kolibri 360 GmbH
Ferdinand-Jühlke-Straße 7
99095 Erfurt, Deutschland
produktsicherheit@kolibri360.de

Druck:
CPI Druckdienstleistungen GmbH
im Auftrag der
Kolibri 360 GmbH
Ferdinand-Jühlke-Str. 7
99095 Erfurt